Mathematische Mußestunden

PROF. DR. HERMANN SCHUBERT

Mathematische Mußestunden

Eine Sammlung von Geduldspielen, Kunststücken und Unterhaltungsaufgaben mathematischer Natur

Neubearbeitet von

JOACHIM ERLEBACH

Dreizehnte Auflage

WALTER DE GRUYTER & CO

vormals G. J. Göschen'sche Verlagshandlung · J. Guttentag, Verlagsbuchhandlung · Georg Reimer · Karl J. Trübner Veit & Comp.

Berlin 1967

Ludendo discimus

Leibniz

VORWORT ZUR ERSTEN AUFLAGE

Die vorliegende Sammlung ist für gebildete Laien bestimmt, denen von der Arithmetik nur die allerersten Elemente bekannt zu sein brauchen. Sie behandelt, ähnlich wie die Sammlungen von Edouard Lucas[1]) und Rouse Ball[2]), historisch und kritisch die wichtigsten von den zur *Unterhaltung* geeigneten Geduldspielen und Problemen mathematischer Natur. Wenn auch der Verfasser die Sammlungen von Lucas und Ball vielfach benutzt hat, so ist doch der größte Teil der in der vorliegenden Sammlung angestellten Erörterungen aus eigenen Studien des Verfassers hervorgegangen. Von Büchern mit ähnlichem Inhalt aus älterer Zeit ist in erster Linie das von Bachet de Méziriac[3]) zu nennen. Vor Bachet behandelten Unterhaltungsaufgaben Cardano[4]) und Tartaglia[5]), nach Bachet Oughtred[6]) und Ozanam[7]). Die in unserem Jahr-

---

[1]) Edouard *Lucas*, Récréations mathématiques, Paris 1882. Ferner: Lucas, L'Arithmétique amusante, Paris 1895, nach dem Tode des Verfassers herausgegeben von H. Delannoy, C. A. Laisant und E. Lemoine.

[2]) W. W. Rouse *Ball*, Mathematical recreations and problems of past and present times, London 1892.

[3]) *Bachet de Méziriac*, Problèmes plaisans et délectables qui se font par les nombres. Erste Auflage: Paris 1612; zweite Auflage: Lyon 1624; dritte und vierte, von Labosne vermehrte und verbesserte Auflage: Paris 1874 und 1879.

[4]) *Cardano*, De subtilitate libri XXI, Nürnberg 1550.

[5]) *Tartaglia*, Quesiti et inventioni diverse, Venetia 1554; Trattato de numeri e misure, Venetia 1556; Opere, Venetia 1606.

[6]) *Oughtred*, Mathematical recreations, London 1653.

[7]) *Ozanam*, Récréations mathématiques et physiques, Paris 1694, mit vielen vermehrten und verbesserten Auflagen, z. B. 1723, 1803, 1840.

hundert in Deutschland erschienenen Bücher von Montag[8]), Mittenzwey[9]) und anderen enthalten zwar viele Unterhaltungsaufgaben, geben aber keine mathematische Kritik der Probleme. Nur die vom Verfasser in den Jahren 1893—1895 in der „Naturwissenschaftlichen Wochenschrift" unter dem Namen „Mathematische Spielereien" veröffentlichten Artikel[10]) enthalten schon eine, wenn auch nicht sehr eingehende, mathematische Kritik der dort behandelten Geduldspiele.

Hamburg, November 1897

Hermann Schubert

---

8) *Montag*, Die Wunder der Arithmetik, Leipzig.

9) *Mittenzwey*, Mathematische Kurzweil, 3. Auflage, Leipzig 1895.

10) Diese Artikel sind auch, in einem Büchlein zusammengefaßt, für sich erschienen unter dem Titel „Zwölf Geduldspiele" Berlin 1895 (jetzt Verlag von Walter de Gruyter & Co., Berlin).

VORWORT ZUR DREIZEHNTEN AUFLAGE

Nach dem Tode des Hamburger Mathematikers Prof. Dr. Hermann Schubert wurden seine schon in Jahrzehnten bewährten „Mathematischen Mußestunden“ von Prof. Dr. F. Fitting in überarbeiteter Form herausgegeben. Von ihm wurden vor allem das Rundreiseproblem allgemeiner behandelt und die Paragraphen über das Sternsechseck und über die 30 bunten Würfel des Majors MacMahon neu aufgenommen.

In die 12. Auflage wurden vom Neubearbeiter einige weitere Probleme einbezogen, nämlich die Abschnitte über Zahlenlotto, Permutationen und Toto. Auch ein Paragraph über die klassischen mathematischen Probleme wurde hinzugefügt. Die Paragraphen 4, 12, 13 und 18 sind in wesentlichen Teilen geändert worden, während die Abschnitte über magische Quadrate, Sternsechsecke und Rösselsprünge um einige sehr spezielle und den Rahmen dieses Buches sprengende Untersuchungen des Vorbearbeiters gekürzt wurden. Die vorliegende 13. Auflage wurde außerdem durch den hinzugefügten Paragraphen 32 und durch Ergänzungen zum Paragraphen 31 erweitert. Ferner wurden an verschiedenen Textstellen Berichtigungen und Anpassungen an neuere Ergebnisse vorgenommen. Die letzten beiden Paragraphen sollen vor allem dem über Rätselaufgaben und Spiele hinaus mathematisch interessierten Leser einige äußerst interessante Fragen der Mathematik in leicht verständlicher Form nahebringen und Anregungen zu eigenen weiteren Studien vermitteln.

Bedenkt man, daß der ursprüngliche Text des Buches vor nahezu sieben Jahrzehnten verfaßt wurde, so wird verständlich, daß die Sprachentwicklung zahlreiche stilistische Änderungen notwendig machte; desgleichen waren Änderungen der benutzten mathematischen Terminologie erforderlich. Einige Ungenauigkeiten und Unrichtigkeiten konnten schon bei der Bearbeitung für die 12. Auflage beseitigt werden.

Möge dieses Buch, das sich vor allem an den interessierten Laien wendet, recht viele unterhaltsame Mußestunden bereiten.

Berlin, November 1966

Joachim Erlebach

INHALTSVERZEICHNIS

§ 1

ZAHLENLOTTO

Ein *Volltreffer im Zahlenlotto* — Hunderttausende erhoffen Woche für Woche, daß Fortuna ihr Füllhorn über sie ergießen möge. Viele Millionen Mark werden umgesetzt und einige Glückspilze gewinnen dabei das Millionenfache ihres Einsatzes.

Das System ist einfach: unter den 49 Zahlen von 1 bis 49 sind sechs anzukreuzen. Wer die später ausgelosten Zahlen auf seinem Lottozettel richtig angekreuzt hat und an der Auslosung beteiligt ist, dem winkt der Gewinn einer halben Million Mark.

Um die Gewinnchancen zu verbessern, wurde die *Zusatzzahl* eingeführt. Hat von den Teilnehmern niemand alle sechs Zahlen richtig getippt, so geht die Chance des Hauptgewinns auf diejenigen Lose über, bei denen fünf der sechs richtigen Zahlen angekreuzt wurden, während die sechste mit einer getrennt ausgelosten Zusatzzahl übereinstimmt. Weitere Gewinne werden für jedes Los mit fünf, vier oder drei richtigen Zahlen ausgeschüttet.

Viele Spieler versuchen, ein System zu entdecken, bei dessen Benutzung die Gewinnchancen steigen oder der Gewinn zur Gewißheit wird. Geheimtips werden ausprobiert und „sichere Systeme“ werden propagandiert oder gar gegen Geld weitergegeben. Wer einen „todsicheren Lottotip“ verkauft, ist ein Betrüger. Wäre der Tip sicher, so könnte der Erfinder ihn selbst verwerten und brauchte ihn nicht zu verkaufen.

Es gibt nur eine einzige „todsichere“ Methode, sechs Richtige zu haben und den Hauptgewinn kassieren zu können. Doch dazu müßte man genau 13983816 Tipscheine verschieden ausfüllen und zugleich abgeben. Unter diesen wären dann garantiert, gleichgültig welche sechs Zahlen die Ziehung ergäbe,

1 *Sechsertreffer*,
258 *Fünfer*, davon 6 mit der Zusatzzahl,
13545 *Vierer* und
246820 *Dreier*.

Einfache, aber sichere Systeme, mit deren Hilfe unter geringem Einsatz unverhältnismäßig hohe Gewinne zu erzielen sind, gibt es nicht, jedenfalls nicht, wenn alle 49 Zahlen in gleicher Weise bei der Verlosung teilnehmen und eine Manipulation der Ziehung durch geeignete Vorkehrungen verhindert wird.

* * *

Wir wollen zunächst begründen, daß keine Zahlenfolge von 6 Zahlen, im folgenden als *Kombination* bezeichnet, bei der Ziehung größere Chancen besitzen kann als irgendeine andere. Das oft benutzte Argument, es sei undenkbar, daß so ausgefallene Kombinationen wie 1, 2, 3, 4, 5, 6 oder 10, 15, 20, 25, 30, 35 oder andere auffallende Anordnungen mit gleicher Wahrscheinlichkeit aufträten wie andere, willkürlicher zusammengestellte, ist nicht stichhaltig.

Um zu zeigen, daß zwei Kombinationen $a_1, a_2, a_3, a_4, a_5, a_6$ und $b_1, b_2, b_3, b_4, b_5, b_6$ (z. B. die Kombinationen 1, 2, 3, 4, 5, 6 und 4, 7, 17, 29, 33, 41) mit gleicher Wahrscheinlichkeit auftreten, tragen wir auf 49 Pappscheiben gleicher Beschaffenheit die Zahlen von 1 bis 49 in irgendeiner Farbe, etwa in rot, auf. Danach suchen wir uns die Marken $a_1, \ldots, a_6$ heraus und schreiben auf die Rückseiten in anderer, etwa in blauer Farbe die Zahlen $b_1, \ldots, b_6$. Die übrigen 43 Marken versehen wir in beliebiger Anordnung mit den verbleibenden 43 Zahlen. Nehmen wir jetzt mit den so präparierten Marken eine Verlosung vor, so erhalten wir jeweils zwei Gewinnkombinationen, nämlich eine der roten Zahlen und, nachdem wir die Marken umgedreht haben, eine der blauen. Eine Auslosung der roten Zahlen $a_1, \ldots, a_6$ ergibt zwangsläufig zugleich die blauen Zahlen $b_1, \ldots, b_6$ und umgekehrt. Damit ist die Chancengleichheit aller Zahlenkombinationen von 6 aus 49 Zahlen bewiesen. Das Zahlenlotto ist daher ein völlig gerechtes Spiel, gerecht in dem Sinne, daß v o r der Verlosung keine Zahlenkombination günstiger ist als irgendeine andere.

* * *

Ein Spieler gibt wöchentlich 100 Tipscheine ab. Er verändert immer wieder die Zahlenkombinationen, so daß niemals eine Kombination erscheint, die schon einmal dabei war. In den 52 Wochen eines Jahres kommen schon 5200 verschiedene Kombinationen zustande. Dennoch könnte weder er noch einer seiner das Spiel fortsetzenden Söhne, Enkel oder Urenkel alle Möglichkeiten erschöpfen. Erst nach mehr als 2689 Jahren wären alle denkbaren Kombinationen gespielt. Es gibt nämlich genau 13983816 Kombinationen von 6 aus 49 Zahlen; nur eine davon ist jeweils die „richtige".

Zur Berechnung dieser großen Anzahl von Möglichkeiten ist keineswegs ein besonderes Maß an mathematischen Kenntnissen erforderlich.

Nehmen wir einen Tipschein zur Hand! Schon beim ersten Ankreuzen haben wir 49 Möglichkeiten zur Auswahl. Entscheiden wir uns für irgendeine der Zahlen und bezeichnen sie allgemein mit a_1, so verbleiben für die weitere Auswahl noch 48 Zahlen. Zu jeder der 49 Möglichkeiten bei der Wahl der ersten Zahl a_1 gehören 48 Möglichkeiten bei der Wahl der zweiten Zahl a_2, das ergibt insgesamt bereits $49 \cdot 48$ Zahlenpaare a_1, a_2. Zu jedem der $49 \cdot 48$ Zahlenpaare a_1, a_2 stehen uns für die dritte Stelle 47 verbleibende Zahlen zur Auswahl. Damit haben wir $49 \cdot 48 \cdot 47$ Anordnungen dreier Zahlen a_1, a_2, a_3. Bei jedem dieser Zahlentripel stehen jetzt 46 weitere Zahlen für den vierten Platz zur Verfügung. Folgerichtig weiterschließend erhalten wir insgesamt

$$Z = 49 \cdot 48 \cdot 47 \cdot 46 \cdot 45 \cdot 44$$

Anordnungen $a_1, \ldots, a_6$ von je sechs verschiedenen der 49 Zahlen.

Bei den so erhaltenen Anordnungen handelt es sich aber nicht um durchweg verschiedene Kombinationen. Schon bei der Auswahl der ersten beiden Zahlen haben wir z. B. die Paare $a_1, a_2 = 31, 14$ und $a_2, a_1 = 14, 31$ unterschieden. In der Anzahl Z sind alle Anordnungen getrennt gezählt, bei denen gleiche sechs Zahlen nur in verschiedener Reihenfolge auftreten.

Beispielsweise müssen die Kombinationen

$$\begin{aligned} a_1, a_2, a_3, a_4, a_5, a_6 &= 48, 3, 19, 24, 12, 36 \\ \text{und } a_3, a_5, a_1, a_6, a_2, a_4 &= 19, 12, 48, 36, 3, 24 \end{aligned}$$

als gleich angesetzt werden. Somit stimmt jede der Z Anordnungen, da die Reihenfolge der sechs Zahlen beim Lotto keine Rolle spielt, mit einer gewissen Anzahl anderer überein. Wollen wir die Anzahl der wirklich verschiedenen Kombinationen gewinnen, so müssen wir unsere Zahl Z durch die Anzahl der jeweils gleichen Anordnungen dividieren. Im nächsten Paragraphen wird gezeigt, daß es genau $6! = 1 \cdot 2 \cdot 3 \cdot 4 \cdot 5 \cdot 6 = 720$ verschiedene Anordnungen 6 gleicher Zahlen gibt.

Als Anzahl der Kombinationen von 6 aus 49 Zahlen gewinnen wir damit

$$Z_6^{49} = \frac{49 \cdot 48 \cdot 47 \cdot 46 \cdot 45 \cdot 44}{1 \cdot 2 \cdot 3 \cdot 4 \cdot 5 \cdot 6} = 13983816.$$

Verallgemeinern wir das Ergebnis: Es seien n Zahlen gegeben, aus denen k in beliebiger Reihenfolge auszusuchen sind. Bezeichnen wir die Anzahl der Möglichkeiten mit Z_k^n, so ist[1])

$$Z_k^n = \frac{n \cdot (n-1) \cdot (n-2) \cdot \,\ldots\ldots\, \cdot (n-k+1)}{1 \cdot 2 \cdot 3 \cdot \,\ldots\ldots\, \cdot k} = \binom{n}{k}.$$

Beim klassischen Lottospiel galt es, 5 aus 90 Zahlen auszusuchen. Hierbei gab es

$$Z_5^{90} = \binom{90}{5} = \frac{90 \cdot 89 \cdot 88 \cdot 87 \cdot 86}{1 \cdot 2 \cdot 3 \cdot 4 \cdot 5} = 43949268$$

verschiedene Kombinationen. Eine solche Zahlenlotterie wurde erstmals in Genua gespielt, wo es früher üblich war, die Ratsherrenschaft durch Auslosen von je 5 aus 90 Kandidaten zu bestimmen.

* * *

Beim üblichen Zahlenlotto gibt es 13983816 verschiedene Kombinationen. Eine einzige wird durch die Ziehung ausgewählt. Die Chance des Hauptgewinns beträgt daher

$$1:13983816.$$

Wenn man es recht bedenkt, so ist es ein fast hoffnungslos erscheinendes Unterfangen, auf einen Volltreffer zu warten. Dennoch kommt ein solcher bei der großen Zahl der Spieler bzw. der abgegebenen Tipzettel immer wieder vor. Auf etwa 1,4 Milliarden abgegebene Lottoscheine entfallen durch-

[1]) Der exakte Beweis für diese Formel läßt sich durch vollständige Induktion führen (Schluß von n auf $n + 1$).

schnittlich 100 Volltreffer. Wieviel es genau sind oder wie oft ein solcher auftritt, ist nicht vorherzusagen. Alle Aussagen hierüber sind statistischer Natur. Da nicht alle abgegebenen Tips untereinander verschieden sind, kann man nur angeben, daß auf rund 14 Millionen Tips im Durchschnitt ein Volltreffer zu erwarten ist. Es können durchaus auch mal mehrere sein, ebenso wie es möglich ist, daß bei einer noch größeren Anzahl gar keiner dabei ist.

Beim Zahlenlotto gibt es aber, ebenso wie bei anderen Lotterien, nicht nur den Hauptgewinn.

Wie sind die Chancen für den nachrangigen Gewinner? Zunächst untersuchen wir die einfachen *Fünfer*, das sind die Kombinationen, bei denen fünf der sechs Zahlen richtig, eine jedoch falsch getippt wurde. Der Sechser wird nicht mitgezählt, er ist ein „unechter" Fünfer.

Bezeichnen wir die ausgelosten sechs Zahlen allgemein mit $a_1, a_2, a_3, a_4, a_5, a_6$, die übrigen mit b, so erkennt man, daß es sechs Arten von Fünfern gibt, je nachdem, welche der Zahlen $a_1, \ldots, a_6$ fehlt:

$$
\begin{array}{cccccc}
b, & a_2, & a_3, & a_4, & a_5, & a_6; \\
a_1, & b, & a_3, & a_4, & a_5, & a_6; \\
a_1, & a_2, & b, & a_4, & a_5, & a_6; \\
a_1, & a_2, & a_3, & b, & a_5, & a_6; \\
a_1, & a_2, & a_3, & a_4, & b, & a_6; \\
a_1, & a_2, & a_3, & a_4, & a_5, & b.
\end{array}
$$

In jedem der sechs Fälle kommt als Zahl b eine der 43 Nicht-Gewinnzahlen, der falschen, in Frage.

Unter allen möglichen Kombinationen von 6 aus 49 Zahlen gibt es demzufolge $6 \cdot 43 = 258$ Anordnungen, die genau fünf richtige Zahlen enthalten. Auf etwa 54201 Tips entfällt durchschnittlich ein Fünfer.

Seltener sind die *Fünfer mit Zusatzzahl*. Hierfür muß an Stelle der Zahl b in den sechs angegebenen Fünfer-Arten eine ganz bestimmte Zusatzzahl treten. Unter den 258 Fünfern gibt es daher sechs Fünfer mit Zusatzzahl.

Der nächste Rang der Vierer-Treffer ist schon wesentlich leichter zu erreichen.

Die ausgelosten Zahlen $a_1, \ldots, a_6$ bezeichnen wir als *Richtige*, die verbleibenden 43 Zahlen $b_1, \ldots, b_{43}$ als *Falsche*.

Ersetzt man zwei der sechs Richtigen durch zwei der 43 Falschen, so ergibt sich der echte *Vierer*. Sollen zwei der sechs Zahlen $a_1, \ldots, a_6$ ausgestrichen werden, so gibt es hierfür nach vorangehenden Überlegungen

$$Z_2^6 = \frac{6 \cdot 5}{1 \cdot 2} = 15$$

Möglichkeiten. Andererseits stehen

$$Z_2^{43} = \frac{43 \cdot 42}{1 \cdot 2} = 903$$

aus den 43 falschen Zahlen gebildete Ersatzpaare zur Verfügung. Unter allen denkbaren Kombinationen von 6 aus 49 Zahlen befinden sich demzufolge $15 \cdot 903 = 13545$ echte Vierer. Durchschnittlich jeder 1032. Tip erbringt einen Vierer-Gewinn.

Für die unterste Gewinnklasse sind drei Richtige erforderlich. Eine entsprechende Kombination ergibt sich, wenn drei Richtige gestrichen und durch drei Falsche ersetzt werden.

Für das Streichen von drei der sechs Richtigen ergeben sich 20 verschiedene Fälle:

$$Z_3^6 = \frac{6 \cdot 5 \cdot 4}{1 \cdot 2 \cdot 3} = 20.$$

Zum Ersetzen sind drei der 43 falschen Zahlen auszuwählen:

$$Z_3^{43} = \frac{43 \cdot 42 \cdot 41}{1 \cdot 2 \cdot 3} = 12341.$$

In jedem der 20 Fälle können die gestrichenen Zahlen auf 12341fache Weise ersetzt werden. Damit ergeben sich im untersten Rang

$$20 \cdot 12341 = 246820$$

Gewinnkombinationen. Etwa jeder 57. Tip führt zum Gewinn mit drei Richtigen.

Die Gewinnchancen beim Zahlenlotto sind damit erschöpft. Der Vollständigkeit halber sei erwähnt, daß sich auf gleiche Weise die Anzahl der Kombinationen mit 2, 1 oder 0 Richtigen ermitteln läßt.

Man erhält:

$$Z_4^6 \cdot Z_4^{43} = \frac{6 \cdot 5 \cdot 4 \cdot 3}{1 \cdot 2 \cdot 3 \cdot 4} \cdot \frac{43 \cdot 42 \cdot 41 \cdot 40}{1 \cdot 2 \cdot 3 \cdot 4}$$

$$= 15 \cdot 123410$$

$$= 1851150$$

als Anzahl der Kombinationen mit genau zwei Richtigen. Durchschnittlich jeder siebente Tip enthält zwei Richtige.

$$Z_5^6 \cdot Z_5^{43} = \frac{6 \cdot 5 \cdot 4 \cdot 3 \cdot 2}{1 \cdot 2 \cdot 3 \cdot 4 \cdot 5} \cdot \frac{43 \cdot 42 \cdot 41 \cdot 40 \cdot 39}{1 \cdot 2 \cdot 3 \cdot 4 \cdot 5}$$

$$= 6 \cdot 962598$$

$$= 5775588$$

aller Kombinationen enthalten genau eine richtige Zahl.

Um die Anzahl der *totalen Nieten* zu bestimmen, d. h. der Anordnungen aus nur falschen Zahlen, nimmt man die Anzahl der Kombinationen von 6 aus 43 Elementen

$$Z_6^{43} = \frac{43 \cdot 42 \cdot 41 \cdot 40 \cdot 39 \cdot 38}{1 \cdot 2 \cdot 3 \cdot 4 \cdot 5 \cdot 6} = 6096454.$$

Nicht einmal jede zweite Kombination enthält ausschließlich falsche Zahlen.

Stellen wir die Ergebnisse zusammen und addieren alle Zahlen, die wir für die einzelnen Ränge erhalten haben, so muß die Anzahl sämtlicher Kombinationen von 6 aus 49 Zahlen das Ergebnis sein:

6096454	Kombinationen enthalten 0 von 6 Richtigen
5775588	Kombinationen enthalten 1 von 6 Richtigen
1851150	Kombinationen enthalten 2 von 6 Richtigen
246820	Kombinationen enthalten 3 von 6 Richtigen
13545	Kombinationen enthalten 4 von 6 Richtigen
258	Kombinationen enthalten 5 von 6 Richtigen
1	Kombination enthält alle 6 Richtigen
13983816	Kombinationen von 6 aus 49 Zahlen sind möglich.

§ 2

PERMUTATIONEN

Im vorigen Kapitel wurde davon Gebrauch gemacht, daß sich 6 Zahlen auf 6! verschiedene Arten anordnen lassen. Allgemein gibt es für n verschiedene Dinge (*Elemente*) genau

$$n! = 1 \cdot 2 \cdot 3 \cdot \ldots\ldots \cdot (n-1) \cdot n$$

verschiedene Anordnungen (*Permutationen*)[1]).

Es verabredet z. B. eine Schar von elf Jungen, in ständig wechselnder Anordnung als Fußballmannschaft anzutreten. Sie werden jedoch niemals alle denkbaren Anordnungen ausprobieren können. Es gäbe nämlich

$$1 \cdot 2 \cdot 3 \cdot 4 \cdot 5 \cdot 6 \cdot 7 \cdot 8 \cdot 9 \cdot 10 \cdot 11 = 39916800$$

verschiedene Aufstellungen, die sich selbst in tausend Jahren nicht durchspielen ließen.

Wie kommt diese große Zahl zustande? Jeder der elf Spieler könnte Torwart sein, in jedem Falle gäbe es zehn Anwärter auf den Platz des linken Verteidigers. Damit sind bereits 11 · 10 Möglichkeiten der Anordnung gegeben. In jeder von diesen Aufstellungen müssen die übrigen neun Spieler je einmal den Platz des rechten Verteidigers einnehmen, womit sich 11 · 10 · 9 Spiele ergäben. Für die Position des Mittelläufers stehen dann jeweils acht Anwärter zur Verfügung. Folgerichtig weiterschließend erhält man die 11! Permutationen der elf Spieler.

* * *

[1]) Der Beweis hierzu läßt sich durch vollständige Induktion führen.

Wie viele verschiedene Sitzordnungen gibt es für eine sechsköpfige Familie? Die Antwort lautet:

$$1 \cdot 2 \cdot 3 \cdot 4 \cdot 5 \cdot 6 = 720.$$

Zwei Jahre lang kann sich diese Familie täglich in anderer Ordnung zu Tisch setzen. Acht Personen dagegen könnten schon nicht mehr alle Permutationen ausprobieren, denn es ist $8! = 40320$.

Die Anzahl der Anordnungen wird jedoch erheblich geringer, wenn zusätzlich gewisse erschwerende Bedingungen gestellt werden.

Handelt es sich bei den acht Personen um vier Damen und vier Herren und wird ferner verlangt, sie sollten eine *bunte Reihe* bilden, so daß zu beiden Seiten jeder Dame ein Herr sitzt, schrumpft die Anzahl der Sitzordnungen erheblich zusammen.

Zur Lösung dieses Problems nehmen wir an, es seien $2n$ Personen, nämlich n Damen und n Herren anwesend. Ließe man zunächst die n Damen ihre Plätze einnehmen, wobei wir annehmen wollen, die Plätze seien von 1 bis $2n$ numeriert und den Damen stünden die Plätze mit geraden Nummern zur Verfügung, so gäbe es für die n Damen genau $n!$ mögliche Sitzordnungen. In jedem dieser $n!$ Fälle könnten sich die Herren in $n!$ verschiedenen Anordnungen auf die Plätze mit ungeraden Nummern setzen. Damit ergeben sich $(n!)^2$ verschiedene Sitzordnungen. Da aber auch den Damen die Plätze mit ungeraden Nummern und den Herren die mit geraden Nummern zugeordnet werden können, erhalten wir als Gesamtergebnis

$$2 \cdot (n!) \cdot (n!) = 2 \cdot (n!)^2$$

mögliche Sitzordnungen. Für vier Damen und vier Herren wären das $2 \cdot (4!) \cdot (4!) = 2 \cdot 24 \cdot 24 = 1152$ verschiedene Tischordnungen gegenüber $8! = 40320$ bei völlig freier Anordnung.

* * *

Nimmt man ein Spiel von 32 Karten zur Hand, so können diese Karten in 32! verschiedenen Anordnungen übereinander liegen. Bei einem Skatspiel ist für den einzelnen Spieler die Anordnung der in seiner Hand befindlichen Karten unwesentlich. Jeder Spieler kann seine 10 Karten auf 10! verschiedene Arten in der Hand ordnen. Je 10! Permutationen der 32 Karten führen daher zur gleichen Verteilung. Dies gilt für alle drei Spieler. Schließlich lassen sich die beiden abseits gelegten Karten miteinander vertauschen, ohne die Verteilung zu ändern. Es gibt daher

$$\frac{32!}{10! \cdot 10! \cdot 10! \cdot 2!} = 2753294408504640$$

Kartenverteilungen beim Skat.

Bei etwa 23,8% aller Skatspiele liegt mindestens ein Bube im Skat. Es gibt nämlich

$$Z_2^{32} = \frac{32 \cdot 31}{1 \cdot 2} = 496$$

verschiedene Skatpaare[1]), aber nur

$$Z_2^{28} = \frac{28 \cdot 27}{1 \cdot 2} = 378$$

Skatpaare, wenn kein Bube dabei sein soll. Auf durchschnittlich 496 Kartenverteilungen entfallen daher 118, das sind 23,8%, bei denen mindestens ein Bube im Skat liegt.

Nur weniger als 4 Millionen Spiele (der 700millionste Teil aller Spiele) sind so beschaffen, daß einer der Mitspieler über alle elf Trümpfe verfügen kann.

Viel größer als beim Skatspiel ist die Zahl aller denkbaren Verteilungsmöglichkeiten beim Whistspiel, bei welchem 52 Karten unter 4 Mitspieler verteilt werden, so daß jeder 13

[1]) Zu der Anzahl der Kombinationen vgl. § 1.

Karten erhält. Die gesuchte Zahl ergibt sich durch Berechnung des Ausdrucks:

$$\frac{52!}{13!\ 13!\ 13!\ 13!}.$$

Man erhält:

53644 Quadrillionen
und 737765 Trillionen
und 488792 Billionen
und 839237 Millionen
und 440000.

Von der Größe dieser Zahl gibt vielleicht das folgende Beispiel eine Vorstellung. Wenn die ganze Erdoberfläche, einschließlich aller Gebirge und Ozeane, mit Whisttischen so besetzt werden könnte, daß der Tisch nebst den 4 Spielern immer nur 1 qm bedeckte, und wenn dann an jedem dieser Tische unaufhörlich Whist gespielt würde, und zwar immer in je 5 Minuten 1 Spiel, so würde es länger als 1000 Millionen Jahre dauern, ehe auf dieser nur mit Whisttischen bedeckten Erde jede denkbare Verteilungsart der 52 Karten durchgespielt wäre.

Ein ähnliches Problem wie das der Kartenverteilungen ist das folgende. Bei einer kleinen Abendgesellschaft werden zwei Bonbonnieren, drei Konfektschachteln und vier Parfümfläschchen unter den anwesenden neun Damen verlost. Wie viele Möglichkeiten der Verteilung gibt es?

Wir lösen das Problem allgemein und setzen $k = 2$, $l = 3$, $m = 4$. Wären alle Gewinne verschieden, so gäbe es $n! = 9!$ Verteilungsmöglichkeiten. Unter diesen $n!$ Permutationen führen jedoch alle diejenigen zu der gleichen Verteilung, bei denen nur die k gleichen Elemente erster Art untereinander vertauscht werden. Da es $k!$ solcher Vertauschungen gibt, bleiben noch $\frac{n!}{k!}$ Verteilungen übrig. Auch eine Vertauschung der l gleichen Elemente zweiter Art führt zu keiner neuen Verteilung, so daß die Anzahl der Möglichkeiten auf $\frac{n!}{k! \cdot l!}$ schrumpft. Eine entsprechende Überlegung gilt auch für die m Elemente dritter Art, und wir erhalten schließlich als Resultat

$$\frac{n!}{k! \cdot l! \cdot m!}$$

In unserem speziellen Beispiel ergeben sich daher

$$\frac{9!}{2! \cdot 3! \cdot 4!} = 1260$$

verschiedene Möglichkeiten für das Verteilen der Gewinne.

§ 3

TOTO

Ein auf den ersten Blick ähnliches Problem wie beim Zahlenlotto, in mathematischer Sicht jedoch völlig anderes, finden wir beim Fußballtoto. Die Aufgabe besteht darin, für eine gewisse Anzahl von Spielen den Ausgang vorherzusagen. Bei einem Spiel einer Mannschaft a gegen eine Mannschaft b interessiert hier weniger das Torverhältnis, als vielmehr die Frage, ob a gewonnen und b verloren, ob b gewonnen und a verloren, oder ob schließlich das Spiel unentschieden blieb.

Es treten n Mannschaften $a_1, \ldots, a_n$ gegen je eine von n anderen Mannschaften $b_1, \ldots, b_n$ an. Ein Sieg einer a-Mannschaft werde durch eine 1, ein Sieg einer b-Mannschaft durch eine 2, ein unentschiedenes Spiel durch eine 0 gekennzeichnet. Jede Folge von n Ziffern 1, 2 oder 0 in beliebiger Reihenfolge stellt einen Tip dar, so z. B. für $n = 10$ Spiele die Folge

$$2, 1, 1, 2, 0, 0, 2, 1, 0, 1.$$

Wir können hier nur berechnen, wie viele verschiedene Tips es bei n Spielen gibt, ohne daß die verschiedenen Tips als gleichwertig angesehen werden können. Anders als beim Zahlenlotto sind hier die verschiedenen Möglichkeiten nicht gleich wahrscheinlich, da der Ausgang eines Fußballspiels kein Zufallsergebnis ist, sondern von den einzelnen Spielern und der Güte ihrer Mannschaft abhängt.

Betrachten wir zunächst das erste der angesetzten Spiele, so haben wir uns für 1, 0 oder 2 zu entscheiden. In jedem der drei Fälle gibt es drei Möglichkeiten für das zweite Spiel, das sind $3 \cdot 3 = 3^2$ verschiedene Tips. Für jeden dieser Tips stehen die drei Zahlen 1, 0 oder 2 für das dritte Spiel zur Auswahl. Wir erhalten $3^3 = 27$ verschiedene Tips bei drei Spielen. Folgerichtig weiterschließend ergeben sich insgesamt genau

$$Z = 3^n$$

verschiedene Tipmöglichkeiten bei *n* Spielen.

Bei neun angesetzten Spielen lassen sich daher $3^9 = 19683$, bei dreizehn Spielen $3^{13} = 1594323$ verschiedene Tipzettel ausfüllen.

§ 4

ÜBER SEHR GROSSE ZAHLEN

Im Innern von Australien ebensowohl wie im Innern von Südamerika gibt es Völkerschaften, welche Zahlen, die größer sind als 2 oder 6, in ihrer Sprache nicht auszudrücken vermögen, weder durch besondere Zahlwörter noch durch Zusammensetzung von Wörtern für kleinere Zahlen, noch auch durch Umschreibungen. Solche Völker haben überhaupt nicht das Bedürfnis, Zahlen, die größer sind, als wesentlich verschieden aufzufassen. So erzählt Herr von den Steinen von den Bakaïri, die am Xingu, einem Nebenflusse des Amazonenstromes, wohnen, daß sie Zahlen von 1 bis 6 durch Zusammensetzen auszudrücken vermögen, daß sie aber, veranlaßt, noch größere Zahlen zu nennen, sich in die Haare fassen, um dadurch etwas Unzählbares auszudrücken. So wird ferner von den Botokuden, die auch in Südamerika zwischen dem Rio Doce und dem Rio Pardo wohnen, berichtet, daß sie sprachlich nur eins und viel unterscheiden können, und daß sie daher schon für 2 und 3 ein und dasselbe Wort haben. Wenn wir mit Achselzucken auf ein so geringes Bedürfnis, Zahlen auszudrücken, herabsehen, so sollten wir, kritisch gegen uns selbst, nicht vergessen, daß auch in unserer modernen Kultur der Durchschnittsmensch nicht imstande ist, große Zahlen voneinander zu unterscheiden, oder wenigstens nicht imstande ist, im Gebiete großer Zahlen richtige Schlußfolgerungen zu ziehen. Wie dem Botokuden die Unterscheidung von 2 und 3 als unwesentlich erscheint, so erscheint auch manchem modernen Kulturmenschen die Unterscheidung von einer Billion und einer Trillion als unwesentlich, oder wenigstens denkt er nicht daran, daß die eine Zahl eine Million mal so groß ist wie die andere, sich also zu ihr verhält, wie etwa die Entfernung von Berlin nach San Franzisko zu der Breite einer Straße. Daß auch unser Zahlbedürfnis in früheren Zeiten kleiner war als heute, erkennen wir aus einem Vergleich der Zahlwörter der indogermanischen Sprachen. Während die Zahlwörter für die Zahlen von 1 bis 100 in allen diesen Sprachen große Verwandtschaft zeigen, hört dies schon bei den Zahlwörtern für Tausend auf. Denn χίλιοι, mille und tausend haben gewiß keine etymologische Verwandtschaft. Wir können hieraus schließen, daß erst nach der Trennung der indogermanischen Völker bei ihnen das Bedürfnis entstanden ist, eine so große Zahl wie Tausend sprachlich auszudrücken. Was das Zahlwort „Million“ anbetrifft, so soll dasselbe zuerst im Jahre 1362 gebraucht sein. Doch ist es wohl erst viel später in allgemeineren Gebrauch gekommen. Wenigstens kennt Adam Riese, der große deutsche Rechenmeister, der um die Mitte des 16. Jahrhunderts lebte, das Wort „Million“ noch nicht, sondern umschreibt es durch „Tausend mal Tausend“. Noch viel später entstanden die Zahlwörter „Billionen“ und „Milliarde“. Das Wort Milliarde für tausend Millionen kam erst im 19. Jahrhundert in Gebrauch, und zwar zuerst in der Finanzsprache. Namentlich in der Astronomie ist die Kenntnis der Tatsache, daß eine Billion das Millionenfache einer Million ist, von Wichtigkeit. Während nämlich die Entfernungen der Planeten von der Sonne oder voneinander zwischen sechs Millionen und einigen hundert *Millionen* Meilen variieren, betragen die Entfernungen der nächsten Fixsterne von der Sonne oder von irgendeinem Punkte unsres Planetensystems zwischen fünf *Billionen* und mehreren hundert *Billionen* Meilen. Da aber eine Billion zu einer Million sich verhält wie eine Million zu 1, so sind alle Entfernungen zwischen den Sternen des Planetensystems verschwindend klein gegenüber der Entfernung der Planeten von irgendeinem Fixstern. Vom Sirius aus gesehen, muß demnach nicht bloß die Sonne oder die Erde, sondern unser ganzes Planetensystem wie ein verschwindend kleiner Lichtpunkt aussehen, gerade so wie uns der Sirius erscheint, der möglicherweise auch ein ganzes Planetensystem ist. Das Verhältnis einer Million zu einer Billion erkennt man ferner sehr deutlich, wenn man sich überlegt, daß in weniger als zwei Wochen eine Million Sekunden vergehen, daß aber zu einer Billion von Sekunden mehr als dreißigtausend Jahre erforderlich sind, daß also das Menschengeschlecht in historischen Zeiten noch keine Billion von Sekunden erlebt hat.

Der Grund, warum wir uns bei Zahlen, die einige hundert Millionen überschreiten, leicht irren, liegt darin, daß Handel, Industrie und Technik uns selten zu Zahlen führten, die mehr als acht Ziffern haben, und daß man es nur in den mathematischen und physikalischen Wissenschaften nötig hat, so große Zahlen zu handhaben*). Diese Wissenschaften haben daher eine weitergehende Wortbildung für große Zahlen erfordert. Für das Millionenfache einer Billion hat man das Wort Trillion gebildet. Eine Trillion wird durch eine 1 mit 18 angehängten Nullen schriftlich dargestellt. So weitergehend gelangt man zu einer Quadrillion, die durch eine 1 mit 24 angehängten Nullen zu bezeichnen ist. So kann man mit Benutzung der lateinischen Zahlwörter beliebig weitergehen. Man würde unter einer Zentesillion die Zahl verstehen, die die 600te Potenz von 10 ist, also durch eine 1 mit 600 angehängten Nullen dargestellt werden müßte. Doch wird man natürlich schon bei Zahlen, die mehr als eine Million betragen, es vorziehen, sie durch Potenzen von 10 näherungsweise auszudrücken. Beispielsweise beträgt die Masse der Erde zwischen $5 \cdot 10^{24}$ und $6 \cdot 10^{24}$ kg.

*) Siehe hierzu auch § 32.

Die Tatsache, daß erst die Resultate der modernen exakten Wissenschaften die Bildung von Wörtern für große Zahlen nötig machten, könnte uns zu dem Glauben führen, daß kein Volk früherer Zeiten sich mit großen Zahlen beschäftigt hat. Dies ist im großen und ganzen richtig. Ein Volk jedoch macht hierin eine Ausnahme, nämlich das indische. In Indien, wo auch unsere bequeme Zifferschrift erfunden wurde, gab es schon zu Buddhas Zeiten besondere Zahlwörter für alle Zahlen bis zu 100000 Millionen, und Buddha selbst soll die Zahlwortbildung bis zur Zahl 10^{54} fortgesetzt haben, also bis zu der Zahl, die wir, nach Analogie der Wörter Million, Billion und Trillion, Nonillion nennen müßten. Auch aus dem alten Nationalepos und den Volksmärchen der Hindus geht ihre Liebe zu großen Zahlen unverkennbar hervor. Dort wird von einem König erzählt, der 1000 Billionen Diamanten besessen haben soll. Dort ist von einer Schlacht die Rede, in der 10000 Sextillionen Affen gekämpft haben, also mehr Affen, als in unserm Planetensystem Platz hätten, auch wenn man die Affen dicht beieinander packen würde. Dort wird ferner mitgeteilt, daß es 24000 Billionen Götter gebe und daß Buddha 600000 Millionen Söhne gehabt habe. Ein solches Streben, das Erhabene durch große Zahlen auszudrücken, finden wir bei keinem andern Volke als den Hindus. Das einzige Beispiel, das im griechischen Altertum bezüglich großer Zahlen vorkommt, ist die Sandrechnung (ψαμμίτης) des Archimedes, in der berechnet wird, wieviel Sandkörner in der Welt Platz hätten, wenn die Welt als soundsovielmal so groß wie die Erde vorausgesetzt würde. Aber Archimedes unternahm seine Sandrechnung nicht, um in großen Zahlen zu schwelgen, sondern um zu zeigen, daß es unrichtig sei, von unzählig vielen Sandkörnern zu sprechen und daß die Folge der Zahlen nach oben hin unbegrenzt sei, wenn auch keine einfachen Zahlwörter mehr da wären, um solche Zahlen sprachlich kurz auszudrücken. Die Vorliebe der Hindus für übertrieben große Zahlen trat noch mehr hervor, als im 4. Jahrhundert unsrer Zeitrechnung indische Brahmapriester die moderne Zifferschrift erfanden, die darauf beruht, daß eine Ziffer, je nach der *Stelle*, die sie einnimmt, ihr Einfaches, ihr Zehnfaches, ihr Hundertfaches usw. bedeutet, und daß die Stelle einer ganz ausfallenden Stufenzahl durch ein besonderes Zeichen, die 0, ausgefüllt wird. Dieses Prinzip, nach dem jetzt die Zahlen von allen Völkern geschrieben werden, die überhaupt eine Zifferschrift haben, ermöglicht es, mit zehn Zeichen, nämlich denen für die Zahlen von 0 bis 9, *jede noch so große Zahl zu schreiben*, was z. B. in der römischen Zifferschrift nicht möglich ist, weil in dieser immer neue Zeichen eingeführt werden müssen, wenn man immer größere Zahlen schreiben will. Die indische Zifferschrift und die bequemen Methoden, nach denen in ihr gerechnet werden kann, drangen im 8. Jahrhundert zu den Arabern und durch diese im 10.—12. Jahrhundert zu den christlichen Völkern Europas. Doch dauerte es bis zur Zeit der Reformation, ehe die indische Zifferschrift auch im Volksrechnen feste Wurzel gefaßt hatte. Nun aber traten im 16. Jahrhundert große Rechentalente auf, wie Adam Riese und Ludolf van Ceulen, die es verstanden, mit sehr großen Zahlen richtige Berechnungen auszuführen. Obgleich wir heutzutage keine Vorliebe für große Zahlen besitzen wie etwa die Inder, so wird doch unser Interesse für große Zahlen wachgerufen, wenn sich diese auf Dinge beziehen, die uns, bezüglich kleiner Anzahlen, geläufig sind. In den Paragraphen 1 bis 3 haben wir einige Beispiele dafür angeführt, daß relativ wenige Elemente (Zahlen, Karten, Personen) zu beachtlich großen Zahlen führen können, wenn nach der Anzahl möglicher Anordnungen bei bestimmten Bedingungen gefragt wird. Im folgenden sollen noch weitere Beispiele genannt werden, bei denen unerwartet große Zahlen auftreten.

Ein bekanntes Beispiel liefert die Geschichte von der Belohnung, die der Erfinder des Schachspiels erhalten sollte. Diese Geschichte, die in Indien, der Heimat des Schachspiels und der großen Zahlen, entstanden ist und seit Jahrhunderten in alle Arithmetikbücher Eingang gefunden hat, lautet folgendermaßen. Ein König in Indien, namens Shehram, forderte den Erfinder des Schachspiels, namens Sessa Ebn Daher, auf, er möchte sich selbst eine Belohnung für seine Erfindung auswählen. Der Erfinder erbat darauf die Menge der Reiskörner, die zusammenkäme, wenn man auf das erste Feld eines Schachbrettes ein Korn legte, auf das zweite 2, auf das dritte 4, auf das nächste 8 und so fortfahrend auf jedes Feld doppelt soviel wie auf das vorhergehende. Der König versprach ihm diese nach seiner Meinung sehr bescheidene Belohnung.

Wir wollen uns im folgenden davon überzeugen, daß die Forderung nicht nur unbescheiden, sondern sogar unerfüllbar war.

Allein auf das letzte, das 64. Feld entfiele genau ein Korn mehr als auf alle vorangehenden Felder zusammen. Denken wir uns alle Felder wunschgemäß versorgt, so enthält das erste Feld

	$1 = 2^0$,
das zweite	$2 = 2^1$,
das dritte	$4 = 2^2$,
das vierte	$8 = 2^3$,
das fünfte	$16 = 2^4$ Körner usw.

Dann entfallen auf das 64. Feld 2^{63} Reiskörner. Das 63. Feld enthält die Hälfte davon, nimmt man aber das 62. hinzu, so enthalten diese beiden zusammen $\frac{3}{4}$ der Menge des 64. Feldes. Nehmen wir noch das 61. hinzu, so befinden sich auf den drei Feldern $\frac{7}{8}$ der Menge des 64. Feldes, es fehlt also daran gerade noch einmal soviel, wie das 61. Feld enthält. Kommt nun der Anteil des 60. Feldes hinzu — er beträgt $\frac{1}{16}$ der Menge des 64. Feldes —, so enthalten die Felder 60 bis 63 genau $\frac{15}{16}$ der Menge von Feld 64. Es fehlt dann gerade noch einmal soviel, wie das Feld 60 enthält. Nimmt man nach und nach die weitervorangehenden Felder hinzu, so ergibt sich stets, daß an der Menge des 64. Feldes genau noch die Menge des zuletzt aufgenommenen Feldes fehlt. Die Felder 1 bis 63 enthalten demnach zusammen genau ein Korn weniger als das Feld 64 allein.

Der König müßte folglich insgesamt

$$2^{63} + (2^{63} - 1) = 2^{64} - 1$$

Reiskörner aufbringen. Ausgerechnet ergibt das die gewaltige Zahl

$$18\,446\,744\,073\,709\,551\,615.$$

Um uns einen Begriff von dieser Menge von Reiskörnern zu machen, nehmen wir an, es gehen 50 Körner auf 1 Gramm oder 50000 auf 1 Kilogramm. Sessa Ebn Daher erhielte dann etwa 370 Milliarden Tonnen Reis. Auf die heutige Erdbevölkerung umgerechnet entfielen auf jeden Menschen weit mehr als 100000 kg Reis, das wäre mehr, als je ein Mensch in seinem Leben aufessen könnte.

Ein weiteres bekanntes Beispiel für das Auftreten großer Zahlen ist die Kapitalvermehrung durch Zinseszins. Denkt man sich zu Beginn unserer Zeitrechnung einen Pfennig auf Zinseszins gelegt, so gelangt man zu einer riesigen Geldsumme, wenn man sich die Verzinsung über die Jahrhunderte fortgesetzt denkt.

Rechnet man 4,7% Zinsen, so ergibt sich jeweils in 100 Jahren das Hundertfache des Anfangskapitals, was leicht im Gedächtnis zu behalten ist. In 200 Jahren werden dann aus einem Pfennig 100 Mark, in 300 Jahren 100^2 Mark, in 400

Jahren 100^3 Mark usw., also in 1900 Jahren $100^{18} = 1$ Sextillion Mark.

Bei einer Verzinsung zu 4% wächst 1 Pfennig im Zeitraum von 1965 Jahren zu einem Kapital an von etwa

$$295467 \cdot 10^{26} \text{ Mark.}$$

Rechnet man 4500 Mark für ein Kilogramm Feingold, so ergeben sich rund

$$6566 \cdot 10^{21} \text{ t Feingold.}$$

Da 19,3 t Gold das Volumen 1 m^3 besitzen, hätte die angegebene Goldmenge ein Volumen von etwa

$$3402 \cdot 10^{11} \text{ km}^3.$$

Das Erdvolumen dagegen beträgt nur $10{,}82841 \cdot 10^{11}$ km^3. Es wären mehr als 314 „goldene Erdkugeln" erforderlich, um das Kapital mit Zins und Zinseszins auszuzahlen.

Wenn umgekehrt die Summe einer geometrischen Reihe, deren konstanter Quotient 1 übersteigt, gegeben ist, so überschätzen wir meist die daraus folgende Anzahl der Glieder. Hierfür das folgende Beispiel. Um 9 Uhr morgens werde ein Mord entdeckt. Der Entdecker teile die Nachricht darüber innerhalb der Viertelstunde zwischen 9 und $9\frac{1}{4}$ Uhr 3 Personen mit. Wir wollen weiter annehmen, daß jede dieser 3 Personen innerhalb der nächsten Viertelstunde *3 anderen* Personen die Nachricht mitteilt und daß dies so fortgesetzt werden könnte, indem jeder, der die Nachricht gehört hat, immer in einer Viertelstunde 3 Personen findet, denen die Nachricht noch neu ist, und die sie nun von ihm erfahren. Wäre es möglich, die Nachricht an jeden Erdbewohner nur auf die angegebene Weise gelangen zu lassen, so hätte jeder Erdbewohner bis 14^{00} Uhr des gleichen Tages die Nachricht erfahren. In den 19 Viertelstunden bis 13^{45} Uhr hätten nämlich so viele

Menschen die Nachricht erhalten, wie die Summe der folgenden Reihe angibt:

$$1 + 3 + 3^2 + \ldots + 3^{19}.$$

Die Summe dieser Reihe beträgt aber $\frac{1}{2}(3^{20} - 1)$, das sind

$$1\,743\,392\,200.$$

Von diesen mehr als 1,7 Milliarden Menschen könnte aber nicht mehr jeder in der 20. Viertelstunde drei weitere finden, denen die Nachricht unbekannt wäre.

Die Methoden, welche dazu dienen, die Lichtstärke zu messen, haben ergeben, daß die Wirkung des Sonnenlichtes auf der Erde ebenso groß ist wie die Wirkung von 60000 Stearinkerzen auf einen Punkt, der nur 1 m Abstand hat. Da die Beleuchtungsstärke mit dem Quadrat der Entfernung abnimmt, kann man berechnen, wieviel Stearinkerzen dort, wo die Sonne sich befindet, brennen müßten, damit ihre Wirkung auf der Erde die gleiche wäre wie die der Sonne. Es ergibt sich ungefähr die Zahl von

1350 Quadrillionen

Kerzen. Da die Erde aber nur 5 Quadrillionen Kilopond wiegt, so würde die Erde, auch wenn sie nur aus Stearin bestände, nicht ausreichen, um die genannte Anzahl von Stearinkerzen herzustellen.

Im Zeitalter der Bakterien ist es wohl auch interessant zu erfahren, wieviel Bakterien höchstens auf der Erde Platz haben. Wir denken uns die Umgebung der Erde als 100 km dicke Kugelschale. Der innere Radius betrage 6370 km, der äußere 6470 km. Das Volumen einer solchen Kugelschale beträgt etwa $68\,550 \cdot 10^{24}$ mm^3.

Nehmen wir nun an, daß durchschnittlich in jedem Kubikmillimeter eine Million Bakterien hausen, so ergibt sich, daß nicht mehr als 68550 Quintillionen Bakterien Platz fänden.

Zu ähnlich großen Zahlen gelangt man in der Physik. Hierfür ein Beispiel: Es ist bekannt, daß die Anzahl der Moleküle in einem Kubikzentimeter Luft bei normalem Druck und der Temperatur 0^0 C etwa 27 Trillionen beträgt. Ließe sich jedes Molekül eines einzigen Kubikzentimeters auf eine Stecknadel spießen, so entfielen auf jeden Quadratzentimeter der Erdoberfläche mehr als fünf solcher aufgespießten Moleküle, wenn man die Stecknadeln gleichmäßig über Länder und Meere der Erde verteilte.

Um eine Vorstellung davon zu haben, eine wie große Genauigkeit eine Zahl veranlaßt, von der man 100 oder noch mehr Dezimalstellen kennt, betrachten wir das folgende Beispiel. Die Zahl π, welche angibt, wieviel mal so groß der Umfang eines Kreises ist wie sein Durchmesser, ist etwas größer als 3 und lautet auf 6 Dezimalstellen:

$$3{,}141592\ldots,$$

was bedeutet, daß π größer als 3,141592, aber kleiner als 3,141593 ist. Da die Zahl π irrational ist, so ist es unmöglich, sie als Dezimalbruch genau anzugeben. Wohl aber verzehnfacht sich die Genauigkeit durch jede weitere Dezimalstelle. Obgleich nun die Berücksichtigung von 7 bis 10 Dezimalstellen für alle Anwendungen vollkommen ausreicht, so hat man doch die Zahl π jetzt auf mehr als 500 Dezimalstellen berechnet*).

*) Im Juli 1961 wurde die Zahl π mit einem elektronischen Rechengerät auf 100000 Stellen berechnet. (Shanks, Daniel and John W. Wrench jr.: Calculation of π to 100000 decimals. Math. Comput. 16, 76—99, 1962.) Dabei wurden die folgenden Darstellungen von π benutzt:

$$\pi = 24 \text{ arc tan } \frac{1}{8} + 8 \text{ arc tan } \frac{1}{57} + 4 \text{ arc tan } \frac{1}{239}$$

$$\pi = 48 \text{ arc tan } \frac{1}{18} + 32 \text{ arc tan } \frac{1}{57} - 20 \text{ arc tan } \frac{1}{239}.$$

Beide Berechnungen wurden parallel geführt. Dabei trat an der 70695. Stelle eine Diskrepanz auf, die jedoch behoben werden konnte. Im Zusammenhang mit dem hier auf Seite 37 angeführten

Um zu zeigen, welch einen Grad von Genauigkeit auch nur 100 Dezimalstellen darstellen, diene das folgende Beispiel. Der Sirius ist rund 83 Billionen km von der Erde entfernt. Durch ihn denken wir uns um das Zentrum der Erde eine Kugel gelegt und diese ungeheure Kugel so von Bakterien angefüllt, daß auf jedes Kubikmillimeter eine volle Billion Bakterien kommen. Die Zahl der in dieser Weise jene Kugel füllenden Bakterien wird dann mit 73 Ziffern geschrieben. Dann denken wir uns diese Bakterien ausgepackt und auf eine gerade Linie gelegt, so daß immer zwei aufeinanderfolgende Bakterien ebensoweit voneinander entfernt sind, wie der Sirius von der Erde, also 83 Billionen km. Auf diese Weise erhalten wir eine Strecke, die so viel km lang ist, wie das Produkt von 83 Billionen mit der 73ziffrigen Zahl der Bakterien beträgt. Diese Strecke sei der Durchmesser eines Kreises, dessen Umfang wir uns dann auf zweierlei Weise bestimmt denken, erstens durch wirkliche Ausmessung, zweitens dadurch, daß wir seinen Durchmesser mit π multiplizieren, wobei wir uns 100 Dezimalstellen von π berücksichtigt vorstellen wollen. Dann müssen die beiden für den Umfang jenes Kreises erhaltenen Resultate voneinander abweichen, weil ja von der Zahl π nur 100 Dezimalstellen beim Multiplizieren berücksichtigt sind. Diese Ungenauigkeit müßte sich nun äußerst bemerkbar machen, da der Kreis so ungeheuer groß ist. Trotzdem würde man finden, daß der Unterschied zwischen dem durch wirkliche Messung bestimmten Umfange und dem durch Multiplikation mit π auf 100 Stellen berechneten Umfange noch nicht den millionten Teil eines Millimeters betrüge.

Zum Schluß sei bemerkt, daß die Arithmetik uns gestattet, mit nur 3 Ziffern eine Zahl zu schreiben, die viel

Beispiel fragt man sich, welchen Sinn eine derartig ausführliche Angabe für die Zahl π besitzen soll.

größer ist als die Zahl, die man erhält, wenn man alle in diesem Paragraphen bis jetzt *erwähnten* Zahlen miteinander multipliziert, das erhaltene Produkt mit einer Quadrillion multipliziert, dies wieder mit einer Quadrillion und so fort, bis millionenmal eine solche Multiplikation mit einer Quadrillion stattgefunden hat. Viel größer als die auf solche Weise entstehende Zahl ist die Zahl

$$9^{(9^9)}.$$

Denn diese Zahl bedeutet das Produkt von 9^9 Faktoren, von denen jeder 9 ist. Nun ist $9^9 = 9 \cdot 9 \cdot 9 \cdot 9 \cdot 9 \cdot 9 \cdot 9 \cdot 9 \cdot 9$ = 387 Millionen 420489. So oft also, wie die zuletzt genannte Zahl angibt, haben wir uns 9 als Faktor zu setzen, um zu der Zahl

$$9^{(9^9)}$$

zu gelangen. Da das menschliche Leben nicht ausreicht, um diese Zahl auszurechnen, so wird es genügen, wenn wir die Anzahl der Ziffern, mit denen sie geschrieben wird, angeben. Es sind dies jedenfalls mehr als 369 Millionen und 690000 Ziffern, aber weniger als 369 Millionen und 700000 Ziffern. Wollte man die Zahl ungekürzt aufschreiben, so wäre dazu eine Länge von 1848,4 bis 1848,5 km erforderlich, wenn jeweils zwei Ziffern einen Zentimeter ausfüllten.

§ 5

ERRATEN GEDACHTER ZAHLEN

Um eine gedachte Zahl zu erraten, lasse man mit derselben beliebige Rechnungen ausführen. Dann lasse man sich das erhaltene Resultat sagen, aus dem man die gedachte Zahl durch Lösen einer Gleichung berechnen kann, nachdem man die ausgeführten Rechnungen in arithmetischer Zeichensprache ausgedrückt hat. In den einfacheren Fällen, wo die gedachte Zahl nur anfänglich einmal den vorgeschriebenen Rechnungen unterworfen wird, kann das Lösen der Gleichung dadurch geschehen, daß man mit dem erhaltenen Resultat umgekehrt verfährt wie mit der gedachten Zahl, d. h. sowohl die Reihenfolge der Rechenarten umkehrt, wie auch die Rechenarten selbst, also z. B. subtrahiert statt addiert, multipliziert statt dividiert. Durch arithmetische Umformungen läßt sich jedoch die Berechnung der gedachten Zahl aus dem Resultat kürzer gestalten.

1. Die gedachte Zahl werde um 5 vermehrt, die Summe mit 3 multipliziert und vom Produkt 7 subtrahiert. Erfährt man dann das erhaltene Resultat, so hat man dasselbe um 8 zu vermindern und den dritten Teil der erhaltenen Differenz zu nehmen, um die gesuchte Zahl zu erhalten. Denn $(x + 5) \cdot 3 - 7 = p$ ergibt nacheinander $3x + 15 - 7 = p$ oder $3x + 8 = p$ oder $3 \cdot x = p - 8$ oder $x = (p - 8) : 3$. War z. B. 4 die gedachte Zahl, so erhält man 20 als Resultat, woraus sich die gedachte Zahl durch die Berechnung $20 - 8 = 12$, $12 : 3 = 4$ ergibt.

2. Die gedachte Zahl werde mit 6 multipliziert, vom Produkt 5 subtrahiert, die Differenz mit 3 multipliziert, das Pro-

dukt um 1 vermehrt, die Summe durch 2 dividiert und der erhaltene Quotient um 7 vermehrt. Dann ist der neunte Teil des schließlich erhaltenen Resultats die gedachte Zahl. Denn $[(6x - 5) \cdot 3 + 1] : 2 + 7$ läßt sich umformen, wie folgt: $[18x - 15 + 1] : 2 + 7$ oder $[18x - 14] : 2 + 7$ oder $9x - 7 + 7$ oder $9x$. Also ist $9x$ das erhaltene Resultat, daher die gedachte Zahl x gleich dem neunten Teile des Resultats.

Beim Berechnen der gedachten Zahl aus dem erhaltenen Resultat kann man auch den Umstand verwerten, daß wir in unserer Zifferschrift eine Summe von Vielfachen der Zahlen 1, 10, 100 usw. schreiben, wie folgendes Beispiel zeigt:

3. Die gedachte Zahl werde mit 2 multipliziert, zum Produkt 3 addiert, die Summe mit 5 multipliziert und von dem so erhaltenen Produkte 11 subtrahiert. Dann hat man vom erhaltenen Resultat nur die am Schluß stehende 4 fortzulassen, um die gedachte Zahl zu erhalten. War z. B. 7 die gedachte Zahl, so ergibt sich durch die vorgeschriebenen Rechnungen nacheinander 14, 17, 85, 74. Aus dem Resultat 74 erkennt man die gedachte Zahl 7. Die Begründung des Verfahrens liefert die Umformung: $(2x + 3) \cdot 5 - 11$ oder $10x + 15 - 11$ oder $10x + 4$.

Solche Aufgaben über Erraten von Zahlen finden sich schon in dem 1612 zuerst erschienenen klassischen Werk von Bachet „Problesmes plaisans et délectables". Da diese Bachetschen Aufgaben, obwohl sie nichts Besonderes bieten, sondern teilweise unnötig kompliziert sind, seit ihrem Erscheinen nicht aufgehört haben, immer wieder ans Tageslicht gezogen zu werden, und dadurch eine gewisse historische Berechtigung erlangt haben, so sollen zwei von ihnen auch in diesem Buche Platz finden:

4. Man lasse jemand eine Zahl sich denken, diese verdreifachen und dann die Hälfte nehmen, falls dies ohne Rest ausführbar ist. Falls dies aber nicht ohne Rest ausführbar ist, lasse man vorher 1 addieren, ehe die Hälfte genommen wird.

Die erhaltene Hälfte lasse man mit 3 multiplizieren und sich das gefundene Resultat sagen. Wenn man dieses durch 9 dividiert und die dabei erhaltenen Ganzen mit 2 multipliziert, erhält man die gedachte Zahl, falls das anfängliche Nehmen der Hälfte ohne Rest geschehen konnte, dagegen 1 weniger als die gedachte Zahl, falls beim Nehmen der Hälfte ein Rest geblieben war. Bei der Begründung dieses Verfahrens hat man zu unterscheiden, ob die gedachte Zahl gerade oder ungerade war. War sie gerade, so kann sie gleich $2 \cdot n$ gesetzt werden, wobei n eine ganze Zahl bedeutet. Dann erhält man durch das angegebene Verfahren nacheinander: $2n \cdot 3 = 6n$, $6n : 2 = 3n$, $3n \cdot 3 = 9 \cdot n$. Die Zahl $9 \cdot n$ ist also gleich der Zahl, die man erfährt. Man rechnet nun für sich weiter $9 \cdot n : 9 = n$, $n \cdot 2 = 2n$, das ist aber die gedachte Zahl. Falls die gedachte Zahl ungerade war, darf man sie gleich $2 \cdot n + 1$ setzen, wobei n wieder eine ganze Zahl ist. Dann ergeben die vorgeschriebenen Rechnungen nacheinander: $(2n + 1) \cdot 3 = 6n + 3$, $6n + 3 + 1 = 6n + 4$, $(6n + 4) : 2 = 3n + 2$, $(3n + 2) \cdot 3 = 9n + 6$. Man erfährt also die Zahl $9 \cdot n + 6$. Dividiert man durch 9, so erhält man die Zahl n als die Ganzen der Division. Durch Multiplikation mit 2 und Addition von 1 erhält man die gedachte Zahl $2 \cdot n + 1$.

Bei der folgenden Aufgabe von Bachet muß man sogar unterscheiden, ob die gedachte Zahl bei der Teilung durch 4 den Rest 0, 1, 2 oder 3 läßt:

5. Man lasse die gedachte Zahl verdreifachen. Dann lasse man von der so erhaltenen Zahl oder von der um 1 größeren die Hälfte nehmen, je nachdem beim Verdreifachen eine gerade oder eine ungerade Zahl erschienen war. Die erhaltene Hälfte lasse man wieder verdreifachen, und von dem Dreifachen oder der um 1 größeren Zahl die Hälfte nehmen, je nachdem eine gerade oder ungerade Zahl erschienen war. Dann lasse man sich die Ganzen sagen, die bei der Division

jener Hälfte durch 9 entstehen. Die so erfahrene Zahl hat man mit 4 zu multiplizieren und zu dem erhaltenen Quotienten nichts oder 1 oder 2 oder 3 zu addieren, um die gedachte Zahl zu erhalten. Man hat nämlich nichts zu addieren, falls bei beiden Verdreifachungen gerade Zahlen erschienen waren, 1 zu addieren, falls nur bei der ersten Verdreifachung eine ungerade Zahl erhalten war, 2 zu addieren, falls dies nur bei der zweiten Verdreifachung geschehen war, und 3 zu addieren, falls bei beiden Verdreifachungen ungerade Zahlen aufgetreten waren. Zum Beweise dieses Verfahrens hat man zu unterscheiden, ob die gedachte Zahl bei der Teilung durch 4 den Rest 0, 1, 2 oder 3 ergibt, d. h., ob sie gleich $4 \cdot n$ oder gleich $4 \cdot n + 1$ oder gleich $4 \cdot n + 2$ oder gleich $4 \cdot n + 3$ zu setzen ist, wobei stets n eine gewisse ganze Zahl bedeutet. a) Aus $4 \cdot n$ entsteht durch die angegebenen Rechnungen nacheinander: 12 n, 6 n, 18 n, 9 n, n, woraus man dann schließt, daß $4 \cdot n + 0 = 4n$ die gesuchte Zahl ist; b) aus $4n + 1$ entsteht: $12n + 3$, $12n + 4$, $6n + 2$, $18n + 6$, $9n + 3$, n, woraus man $4 \cdot n + 1$ für die gedachte Zahl schließt; c) aus $4n + 2$ entsteht: $12n + 6$, $6n + 3$, $18n + 9$, $18n + 10$, $9n + 5$, n, woraus man $4n + 2$ schließt; d) aus $4n + 3$ entsteht: $12n + 9$, $12n + 10$, $6n + 5$, $18n + 15$, $18n + 16$, $9n + 8$, n, woraus man $4n + 3$ schließt.

Ein solches Erraten gedachter Zahlen muß demjenigen, der gar nichts von Algebra versteht, noch rätselhafter erscheinen, wenn man die gedachte Zahl selbst nicht bloß anfänglich, sondern auch nachher noch einmal oder mehrere Male in die Rechnung hineinzieht, wie folgende Beispiele zeigen:

6. Die gedachte Zahl werde um 3 vermehrt, die Summe mit 6 multipliziert, das Produkt um 3 vermindert, die erhaltene Differenz dann aber noch um die anfänglich gedachte Zahl vermindert; endlich werde noch der erhaltene Unterschied durch 5 dividiert, was immer möglich sein muß. Das so erhal-

tene Resultat lasse man sich sagen. Um aus ihm die gedachte Zahl zu finden, hat man es nur um 3 zu vermindern. Denn der Ausdruck $[(x + 3) \cdot 6 - 3 - x] : 5$ ergibt durch arithmetische Umformung $x + 3$. War z. B. 19 die gedachte Zahl, so erhält man durch die angegebenen Rechnungen nacheinander die Zahlen 22, 132, 129, 110, 22. Erfährt man nun die Zahl 22 als letztes Resultat, so hat man 22 um 3 zu vermindern, um die gedachte Zahl zu erhalten.

7. Das Vierfache der gedachten Zahl lasse man um 3 vermindern, die erhaltene Differenz mit 6 multiplizieren, zu dem erhaltenen Produkte erst 3 und dann noch die gedachte Zahl addieren, die erhaltene Summe durch 5 dividieren und zu dem erhaltenen Quotienten das Dreifache der Zahl addieren, die um 1 größer ist, als die gedachte Zahl. Dann lasse man sich das Resultat nennen. Der achte Teil desselben ist immer die gedachte Zahl. Denn der Ausdruck $[(4x - 3) \cdot 6 + 3 + x] : 5 + 3(x + 1)$ ergibt durch Vereinfachung nacheinander $(25x - 15) : 5 + 3x + 3$ oder $5x - 3 + 3x + 3$ oder $8x$. War z. B. 11 die gedachte Zahl, so erhält man durch die angegebenen Rechnungen nacheinander 44, 41, 246, 249, 260, 52, dann $52 + 3 \cdot (11 + 1) = 52 + 3 \cdot 12 = 52 + 36 = 88$. Dieses Resultat ergibt aber die gedachte Zahl 11, wenn man es durch 8 dividiert.

Wenn der Ratende Arithmetik und Algebra versteht, so kann er es auch demjenigen, der sich die zu ratende Zahl gedacht hat, ganz überlassen, welche Rechnungsarten er nacheinander anwenden will und mit welchen Zahlen er es tun will. Nur muß ihm der, der die Zahl gedacht hat, angeben, welche Zahl er addiert, subtrahiert, multipliziert oder zum Divisor benutzt. Dann wird der Ratende die gedachte Zahl x nennen und aus den gehörten Angaben eine Gleichung zusammenstellen. Durch Lösen derselben erhält er dann die gesuchte Zahl x, die er raten wollte. Dabei darf die gedachte Zahl auch eine negative Zahl oder ein Bruch sein.

Ebenso dürfen die zum Rechnen verwandten Zahlen auch negativ oder gebrochen sein. Wenn dann aber die gedachte Zahl mehr als einmal in die Rechnung hineingezogen wird, so kann es kommen, daß die zur Auffindung der gedachten Zahl dienende Gleichung von höherem als dem ersten Grade wird und daher die Lösung der Gleichung schwieriger wird. In einfachen Fällen und bei kleinen Zahlen wird es freilich leicht sein, die Zahl x zu raten, die die entstandene Gleichung richtig macht. Hier nur noch ein Beispiel für den Fall, daß die Gleichung, welche die gedachte Zahl liefert, vom zweiten Grade wird.

8. Man lasse die gedachte Zahl mit der um 1 größeren multiplizieren, vom Produkt die gedachte Zahl subtrahieren und sich den erhaltenen Rest nennen. Die Quadratwurzel aus demselben ergibt die gedachte Zahl. Denn $x(x+1) - x$ ergibt $x^2 + x - x$, d. h. x^2. War z. B. 29 die gedachte Zahl, so erfährt man die Zahl 841 als Resultat. Die Quadratwurzel aus 841 ergibt 29 als die gedachte Zahl.

9. Derjenige, der sich eine Zahl gedacht hat und dem es ganz überlassen ist, wie er damit rechnen will, gibt an, daß er das Doppelte der gedachten Zahl zu 17 addiert habe, die erhaltene Summe mit der gedachten Zahl multipliziert habe und auf solche Weise zu der Zahl 135 gelangt sei. Der Ratende hat dann anzusetzen: $(17 + 2x)x = 135$, woraus er $2x^2 + 17x = 135$ und daraus $4x^2 + 34x = 270$ folgert. Um anfänglich Brüche zu vermeiden, wird er diese Gleichung mit 4 multiplizieren, woraus $16x^2 + 136x = 1080$ folgt. Durch Addition des Quadrats des achten Teils von 136, also der Zahl 17, ergibt sich dann: $(4x)^2 + 2 \cdot 4x \cdot 17 + 17^2 = 1369$. Die Quadratwurzel aus 1369 ergibt 37, so daß links das Quadrat von $4x + 17$, rechts das von 37 erschienen ist, woraus folgt, daß $4x + 17 = 37$ oder $4x + 17 = -37$ ist. Im ersten Falle ergibt sich 5 als gedachte Zahl. Der zweite Fall ergibt $x = -13\frac{1}{2}$, so daß, wenn auch eine negative gebrochene Zahl ge-

dacht sein könnte, der Ratende im Zweifel sein muß, ob die Zahl 5 oder die Zahl $-13\frac{1}{2}$ gedacht war.

Bisher war immer nur vorausgesetzt, daß eine einzige Zahl gedacht ist. Sind zwei oder mehr Zahlen gedacht, so führt die Auffindung derselben auf ein System von zwei oder mehr Gleichungen mit ebensoviel Unbekannten. Sind mehr Zahlen gedacht, als Angaben darüber gemacht werden, so führt die Lösung auf sogenannte diophantische Gleichungen. Die darauf führenden Probleme sollen jedoch hier ausgeschlossen bleiben. Dagegen soll hier der Fall erwähnt werden, daß zwei Zahlen gedacht sind und auch zwei Angaben darüber vorliegen, sowie, daß drei Zahlen gedacht sind und drei Angaben darüber vorliegen. Einige Beispiele einfachster Natur folgen hier:

10. Man lasse sich die Summe und die Differenz zweier gedachter Zahlen angeben. Von den beiden Resultaten, die man so erfährt, nehme man die halbe Summe und die halbe Differenz. Dann hat man die gedachten Zahlen. Denn $x + y = a$ und $x - y = b$ ergeben durch Addition $2x = a + b$ oder x gleich der Hälfte von $a + b$. Ferner erhält man durch Subtraktion $2y = a - b$ oder y gleich der Hälfte von $a - b$.

11. Von drei gedachten Zahlen lasse man die erste und zweite, die erste und dritte, sowie die zweite und dritte addieren. Man hört, daß dadurch die Summen 13, 18, 21 erhalten sind. Man setzt dann an: $x + y = 13$, $x + z = 21$, $y + z = 18$. Man addiere alle drei Gleichungen. Dann erhält man $2x + 2y + 2z = 52$ oder $x + y + z = 26$. Subtrahiert man von dieser Gleichung jede der drei angesetzten Gleichungen, so erhält man $x = 8$, $y = 5$, $z = 13$ als die gedachten drei Zahlen. Wenn also überhaupt bei drei gedachten Zahlen die Summe je zweier angegeben wird, so hat man von der Hälfte der Summe der drei angegebenen Resultate jedes einzelne Resultat zu subtrahieren, um die drei gedachten Zahlen zu erhalten.

Für den Laien gestalten sich solche auf Raten von Zahlen bezüglichen Aufgaben dadurch oft fesselnder, daß die Zahlen sich auf Dinge beziehen, die den Ratenden persönlich besonders angehen, wie etwa die Zahl der Geldstücke, die er bei sich hat, die Zahl seiner Zähne, das Datum seines Geburtstages, sein Geburtsjahr, sein Alter, die Zahlen, die er gewürfelt hat, usw. Von solchen eingekleideten Zahlen-Rate-Aufgaben hier nur ein Beispiel:

12. Man bitte denjenigen, dessen Alter man raten will, von der Zahl, die sein Alter in Jahren ausdrückt, die Quersumme (Summe der Ziffern) anzugeben. Darauf bitte man ihn, die betreffende Zahl umzukehren, d. h. die Zehner zu Einern und die Einer zu Zehnern zu machen, und dann den Unterschied zwischen der ursprünglichen und der umgekehrten Zahl zu sagen. Um aus den beiden so erhaltenen Angaben das Alter zu bestimmen, dividiere man die zweite der angegebenen Zahlen durch 9, was immer ohne Rest möglich ist. Den erhaltenen Quotienten hat man dann zur Quersumme zu addieren und von der Quersumme zu subtrahieren. Die Hälfte der in beiden Fällen erhaltenen Resultate stellen die Ziffern der Zahl dar, die das Alter angibt. Erfährt man z. B. 11 als Quersumme und 63 als Differenz, so hat man 63 durch 9 zu dividieren und die erhaltene Zahl 7 zu 11 zu addieren und von 11 zu subtrahieren. So erhält man 18 und 4, deren Hälften 9 und 2 sind. Die Entscheidung, ob das Alter dann 29 oder 92 Jahre beträgt, wird, wenn nicht auf andere Weise, dadurch herbeigeführt, daß man sich sagen läßt, ob die ursprüngliche Zahl oder die durch Umkehrung der Ziffern entstandene Zahl die größere war.

§ 6

ERRATEN BERECHNETER ZAHLEN

Wenn man jemand, der sich eine Zahl gedacht hat (vgl. § 5), vorschreibt, wie er mit der Zahl weiterrechnen soll, so läßt es sich so einrichten, daß die gedachte Zahl sich bei der Berechnung forthebt, wobei natürlich vorausgesetzt wird, daß man die gedacht Zahl nicht allein anfänglich, sondern auch nachher noch mindestens einmal in die Rechnung hineinzieht. Die Berechnung des entstandenen Ausdrucks, der außer der sich forthebenden gedachten Zahl x nur noch bestimmte Zahlen enthält, führt dann zu einem Resultate, das derjenige, der sich die Zahl gedacht hat, auch erhalten haben muß, so daß man ihm sein Resultat sagen kann, wie folgende Beispiele zeigen:

1. Man lasse die gedachte Zahl verdreifachen, zu dem Dreifachen 2 addieren, die Summe mit 4 multiplizieren, zum Produkte 4 addieren, die Summe durch 12 dividieren und vom Quotienten die gedachte Zahl subtrahieren. Dann weiß man, daß der, der sich die Zahl gedacht hat, die Zahl 1 erhalten haben muß, gleichviel, welche Zahl er sich gedacht hat. Denn $(3x + 2) \cdot 4 + 4$ ergibt $12x + 8 + 4$ oder $12x + 12$, dies durch 12 dividiert ergibt $x + 1$. Subtrahiert man aber x von $x + 1$, so muß immer 1 herauskommen, gleichviel, wie groß x ist. War z. B. 7 die gedachte Zahl, so wurden nacheinander folgende Zahlen erhalten: 21, 23, 92, 96, 8, 1. War 9 die gedachte Zahl, so ergab sich: 27, 29, 116, 120, 10, 1.

2. Die gedachte Zahl werde um 5 vermehrt, die Summe mit 18 multipliziert, vom Produkte das Dreifache der gedachten Zahl subtrahiert, die Differenz durch 15 dividiert

und vom Quotienten die gedachte Zahl subtrahiert, so ergibt sich immer 6, gleichviel welche Zahl gedacht war. Denn $[(x + 5) \cdot 18 - 3x]: 15 - x = [18x + 90 - 3x]: 15 - x = [15x + 90]:15 - x = x + 6 - x = 6$. War z. B. 13 die gedachte Zahl, so ergab sich nacheinander: 18, 324, 285, 19, 6. War 45 die gedachte Zahl, so erhielt man: 50, 900, 765, 51, 6.

3. Die beiden Zahlen, von denen die eine um 3, die andere um 4 größer ist, als die gedachte Zahl, lasse man miteinander multiplizieren, das Produkt vervierfachen und zu diesem Vierfachen 1 addieren. Aus der erhaltenen Summe lasse man die Quadratwurzel ziehen und von derselben das Doppelte der gedachten Zahl subtrahieren. Dann erhält man immer 7. Denn $4(x + 3)\ (x + 4) + 1$ ergibt $4x^2 + 28x + 49 = (2x + 7)^2$. Also liefert die Quadratwurzel-Ausziehung $2x + 7$. Subtrahiert man aber $2 \cdot x$ von $2 \cdot x + 7$, so bleibt immer 7 übrig, gleichviel wie groß x war. War etwa 96 die gedachte Zahl, so hat man zu rechnen: $99 \cdot 100$, also 9900, woraus dann durch Vervierfachung 39600 hervorgeht. Dann ist die Quadratwurzel aus 39601 zu ziehen. Dieselbe ergibt 199. Wenn man dann von diesem Resultat das Doppelte der gedachten Zahl, also 192 abziehen läßt, wird in der Tat die Zahl 7 erhalten.

§ 7

MERKWÜRDIGE ZIFFERFOLGEN

Die Welt der Zahlen birgt mannigfache Eigenschaften, die dem Laien wie ein Wunder erscheinen müssen, während sie dem Arithmetiker, weil er diese Eigenschaften beweisen kann, selbstverständlich erscheinen. Hier sollen einige Eigenschaften behandelt werden, bei denen die *Reihenfolge* der aufeinanderfolgenden Ziffern maßgebend ist.

Die sechsziffrige Zahl

142857

hat die merkwürdige Eigenschaft, daß *die Reihenfolge ihrer Ziffern sich nicht ändert*, wenn man sie mit 2, 3, 4, 5 oder 6 multipliziert, wobei man die erste Ziffer als auf die letzte folgend ansehen muß. In der Tat gibt das

Zweifache: 285714; Vierfache: 571428;
Dreifache: 428571; Fünffache: 714285;
Sechsfache: 857142.

Nimmt man weiter das Siebenfache, so erhält man eine Zahl, die aus lauter Neunen besteht. Multipliziert man mit einer Zahl, die größer als 7 ist, so erhält man eine Zahl, die aus mehr als sechs Ziffern besteht. Wenn man dann die Zahl, die den letzten sechs Ziffern vorangeht, zu der Zahl addiert, die aus den letzten sechs Ziffern besteht, so erhält man wiederum dieselbe Zifferfolge wie oben, also immer eine der sechs Zahlen 142857 oder 428571 oder 285714 oder 857142 oder 571428 oder 714285. Beispielsweise multiplizieren wir die ursprüngliche Zahl 142857 mit 24, so erhalten wir 3428568.

Die den letzten sechs Ziffern vorangehende Zahl ist 3. Addieren wir dieselbe zu der Zahl 428568, die aus den letzten sechs Ziffern besteht, so ergibt sich 428571, also eine Zahl, die dieselbe Zifferfolge hat, wie die ursprüngliche Zahl 142857, wenn man die erste Ziffer 1 als auf die letzte 7 folgend ansieht. Nur wenn man mit einem Vielfachen von 7 multipliziert, erhält man auf dieselbe Weise eine Zahl, die sich aus sechs Neunen zusammensetzt. Multipliziert man z. B. mit 42, so erhält man zunächst 5999994, und da diese Zahl sieben Ziffern hat, soll man die, von rechts gerechnet, siebente Ziffer 5 zu 999994 addieren, was in der Tat auf 999999 führt.

Diese wunderbare Eigenschaft der Zahl 142857 erkennt man als sehr natürlich, wenn man daran denkt, daß 142857 die Periode der Dezimalbruchentwicklung des Bruches $\frac{1}{7}$ ist. Entwickelt man $\frac{1}{7}$ in einen Dezimalbruch, so erscheinen nacheinander die Reste 3, 2, 6, 4, 5, 1, die man immer mit zehn zu multiplizieren hat, um den folgenden Quotienten zu bilden. Dadurch erscheinen 4, 2, 8, 5, 7, 1 als Quotienten. Folglich muß der Bruch $\frac{3}{7}$ die Periode 428571, $\frac{2}{7}$ die Periode 285714, $\frac{6}{7}$ die Periode 857142 usw. haben. Nun ist aber anderseits $\frac{3}{7}$ das Dreifache von $\frac{1}{7}$, $\frac{2}{7}$ das Zweifache von $\frac{1}{7}$, $\frac{6}{7}$ das Sechsfache von $\frac{1}{7}$ usw. Hiermit ist aber die erwähnte Eigenschaft der Zahl 142857 als natürlich nachgewiesen, für den Fall, daß der Multiplikator kleiner als 7 ist. Multipliziert man $\frac{1}{7}$ mit 7, so erscheint die Zahl 1; 1 ist aber anderseits gleich dem periodischen Dezimalbruch, der aus lauter Neunen besteht. Wie zu verfahren ist, wenn der Multiplikator größer als 7 ist, geht aus dem folgenden Beispiel hervor, wo 24 als Multiplikator gewählt ist. Daß der Bruch $\frac{1}{7}$ einem periodischen Dezimalbruch gleich ist, dessen Periode 142857 ist, läßt sich arithmetisch so ausdrücken:

$$\frac{1}{7} = \frac{142857}{10^6} + \frac{142857}{10^{12}} + \frac{142857}{10^{18}} + \cdots$$

Multipliziert man nun mit 24, so erhält man:

$$3\frac{3}{7} = 3 + \frac{428568}{10^6} + \frac{3}{10^6} + \frac{428568}{10^{12}} + \frac{3}{10^{12}} + \cdots$$

Man sieht also, daß man die den letzten sechs Ziffern voranstehende 3 zu der Zahl, die aus den letzten sechs Ziffern besteht, addieren muß, um wiederum eine Zahl mit derselben Zifferfolge zu erhalten.

Aus der voranstehenden Begründung geht hervor, daß die merkwürdige Eigenschaft der Zahl 142857 jeder (p — 1)-ziffrigen Zahl zukommen muß, die die Periode der Dezimalbruchentwicklung von $\frac{1}{p}$ ist, wo p Primzahl ist. Um weitere solche Zahlen zu finden, müssen wir also Primzahlen p von der Eigenschaft bestimmen, daß der Dezimalbruch, der gleich $\frac{1}{p}$ ist, eine Periode mit p — 1 Ziffern hat. Die kleinste von solchen Zahlen ist 7, dann folgen 17 und 19. Die Dezimalbruchentwicklung von $\frac{1}{17}$ ergibt eine Periode von 16 Stellen, nämlich:

0588235294117647.

Betrachtet man diese Periode als eine Zahl für sich, so hat dieselbe die nämliche Eigenschaft, wie 142857, falls man die 0, mit der die Periode beginnt, mit zur Zahl hinzurechnet, so daß die Zahl also nicht als fünfzehnziffrig, sondern als sechzehnziffrig betrachtet wird. Man kann dann die Zahl mit einem beliebigen ganzzahligen Multiplikator multiplizieren, immer wird eine Zahl mit derselben Zifferfolge wiedererscheinen. Multipliziert man z. B. mit 4, so erhält man:

2352941176470588.

Multipliziert man mit 17, so erscheinen wieder lauter Neunen. Multipliziert man mit einer Zahl, die größer als 17 ist, so hat man die den letzten 16 Ziffern voranstehende Zahl zu der aus diesen 16 Ziffern bestehenden Zahl zu addieren, um wieder eine Zahl mit derselben Zifferfolge zu erhalten. Multipliziert man z. B. mit 441, so erhält man zunächst

25882352941176468.

Die den letzten 16 Ziffern voranstehende Zahl 2 zu 5882352941176468 addiert, ergibt

5882352941176470,

eine Zahl mit derselben Zifferfolge, wie die ursprüngliche Zahl.

Derartige Zahlen, wie die zwei besprochenen, welche von $\frac{1}{7}$ und $\frac{1}{17}$ herrühren, gibt es natürlich unzählig viele, weil alle Brüche $\frac{1}{p}$, bei denen die Periode der Dezimalbruchentwicklung $p - 1$ Stellen hat, eine solche Zahl hervorrufen müssen. Man bemerke, daß diese Eigenschaft nicht alle Brüche $\frac{1}{p}$ haben, bei denen p Primzahl ist, sondern nur diejenigen, für welche die Zahl 10, die Basis unserer Zifferschrift, primitive Wurzel ist, wie man sich zahlentheoretisch ausdrückt.

Wählt man eine Primzahl p von der Eigenschaft, daß der Dezimalbruch, der gleich $\frac{1}{p}$ ist, eine Periode von weniger als $p - 1$ Stellen hat, so gibt eine solche Periode eine Zahl, die durch Multiplikation mit gewissen Multiplikatoren zu Zahlen von gleicher Ziffernfolge führt. Der Unterschied ist also der, daß nicht jede, sondern nur gewisse Zahlen zu Multiplikatoren gewählt werden dürfen. Entwickelt man z. B. $\frac{1}{13}$ in einen Dezimalbruch, so gelangt man zu der Periode 076923. Daher hat die Zahl

076923

die Eigenschaft, mit gewissen Faktoren multipliziert zu Zahlen zu führen, die dieselbe Zifferfolge haben. Diese Faktoren sind 1, 10, 9, 12, 3, 4, sowie alle Zahlen, die um ein Vielfaches von 13 größer sind. Multipliziert man aber die Zahl 076923 mit den Faktoren 2, 5, 6, 7, 8, 11, so erhält man

153846, 384615, 461538, 538461, 615384, 846153,

also Zahlen, die unter sich wieder dieselbe Reihenfolge der Ziffern 1, 5, 3, 8, 4, 6, 1, 5, 3, ... darbieten. Multipliziert man mit Faktoren, die um ein Vielfaches von 13 größer sind als 2, 5, 6, 7, 8, 11, so erhält man Zahlen mit mehr als sechs Ziffern, aus denen man in derselben Weise wie oben sechsziffrige Zahlen mit gleicher Zifferfolge gewinnen kann. Wir erkennen also, daß sich aus der Dezimalbruchentwicklung von $\frac{a}{13}$ zwei sechsziffrige Zahlen gewinnen lassen von der Eigenschaft, daß die Multiplikation einer derselben mit einem beliebig gewählten Faktor zu einer Zahl führt, die dieselbe Zifferfolge hat, wie die eine oder die andere von den beiden sechsziffrigen Zahlen. Der Zahl 13 gehören also in derselben Weise zwei Zifferfolgen an, wie den Zahlen 7 und 17 je eine Zifferfolge angehörte.

Nehmen wir ferner die Primzahl 41 und entwickeln $\frac{1}{41}$ in einen Dezimalbruch, so gelangen wir zu einer Periode von nur fünf Stellen. Daher hat die Zahl, die diese Periode bildet, nämlich:

02439

die Eigenschaft, daß sie, mit allen denkbaren Faktoren multipliziert, zu acht Zifferfolgen von je fünf Ziffern führt, nämlich:

02439 mal	02439 mal	02439 mal	
1 gibt 02439	2 gibt 04878	3 gibt 07317	
10 „ 24390	20 „ 48780	30 „ 73170	usw.
18 „ 43902	36 „ 87804	13 „ 31707	
16 „ 39024	32 „ 78048	7 „ 17073	
37 „ 90243	33 „ 80487	29 „ 70731	

Man kann nun natürlich auch eine beliebige dieser Zahlen, etwa 70731, herausgreifen. Man kann dann sicher sein, daß, wenn man sie mit einem beliebigen Faktor multipliziert, man immer wieder auf eine der acht möglichen Zifferfolgen stößt, sobald man nur immer die Regel befolgt, daß die den letzten fünf Ziffern etwa noch voranstehende Zahl zu der aus diesen fünf Ziffern bestehenden Zahl addiert wird. Ganz allgemein erkennen wir also folgendes: *Wenn p eine Primzahl ist, so führt die Dezimalbruchentwicklung aller Brüche, die p zum Nenner haben, auf g Mengen von je* $\frac{p-1}{g}$ *Zahlen von solcher Eigenschaft, daß die Multiplikation irgendeiner dieser Zahlen mit einem beliebigen Faktor immer wieder auf eine der p — 1 Zahlen führt, sobald man die etwa den letzten p — 1 Ziffern noch voranstehende Zahl zu der aus diesen letzten p — 1 Ziffern bestehenden Zahl addiert. Dabei haben die Zahlen in einer und derselben Menge gleiche Zifferfolge,* wie z. B. 48780 und 80487.

Zu merkwürdigen Zifferfolgen führt auch die Dezimalbruchentwicklung des Bruches $\frac{1}{81}$. Die Periode derselben wird von der folgenden Zahl gebildet:

012345679.

Multipliziert man dieselbe mit 9, so erhält man eine Zahl, die aus lauter Einsen besteht, weil $\frac{9}{81} = \frac{1}{9}$ ist und der zu $\frac{1}{9}$ gehörende Dezimalbruch die Periode 1 hat. Daraus folgt dann, daß durch Multiplikation mit jedem Vielfachen von 9 eine Zahl entsteht, die aus lauter gleichen Ziffern besteht. In der Zahl 012345679 sind alle Ziffern von 0 bis 9 außer 8 vertreten, und zwar auch der Reihe nach. Multipliziert man nun die Zahl 012345679 mit irgendeiner nicht durch 3 teilbaren Zahl, so erhält man eine Zahl, die wiederum aus allen Ziffern von 0 bis 9 mit Ausnahme einer besteht, und diese eine fehlende Ziffer ist immer diejenige, welche man zu dem Faktor addieren müßte, damit eine durch 9 teilbare Zahl entsteht. Multipliziert man z. B. mit 2, so erhält man 024691358, eine Zahl, in der alle Ziffern außer 7 = 9 — 2 vorkommen. Multipliziert man mit 8, so erhält man die Zahl 098765432, also eine Zahl, in der alle Ziffern außer 1 = 9 — 8 vorkommen. Multipliziert man mit 13, so kommt eine Zahl heraus, bei der alle Ziffern außer 5 vorkommen, weil 5 die Zahl ist, die man zu 13 addieren muß, damit die nächste durch 9 teilbare Zahl 18 entsteht. Diese Eigenschaft bleibt auch dann noch bestehen, wenn der Faktor, mit dem multipliziert wird, größer als 81 ist. Nur muß dann, ähnlich wie bei den oben behandelten Zifferfolgen, die Zahl, die den letzten neun Ziffern vorangeht, zu der aus diesen Ziffern bestehenden Zahl addiert werden. Multipliziert man endlich die Zahl 012345679 mit einem Faktor, der durch 3, aber nicht durch 9 teilbar ist, so erhält man in den neun Ziffern eine dreimal wiederholte dreiziffrige Zahl. Multipliziert man z. B. mit 12, so erhält man 148148148. Der Beweis dieser merkwürdigen Eigenschaften der Zahl 012345679 würde hier zu weit führen. Gesagt sei nur, daß diese Eigenschaften damit zusammenhängen, daß jene Zahl die Periode der Dezimalbruchentwicklung von $\frac{1}{(10-1)^2}$ ist.

In ganz anderer Weise erscheinen alle 2n-ziffrigen Zahlen merkwürdig, deren erste n Ziffern 1 heißen, deren weitere n — 1 Ziffern 5 heißen und deren letzte Ziffer 6 ist. Denn jede solche Zahl ist eine Quadratzahl, wie groß auch n sein mag. So ist:

16 das Quadrat von 4
1156 das Quadrat von 34
111556 das Quadrat von 334
11115556 das Quadrat von 3334 usw.

Dieselbe Eigenschaft hat auch jede 2n-ziffrige Zahl, deren erste n Ziffern 4 heißen, deren weitere n — 1 Ziffern 8 heißen und deren letzte Ziffer 9 ist. So ist:

49 das Quadrat von 7
4489 das Quadrat von 67
444889 das Quadrat von 667
44448889 das Quadrat von 6667 usw.

Um diese Eigenschaft zu begründen und zugleich zu erkennen, ob noch andere 2n-ziffrige Zahlen dieselbe Eigenschaft haben, betrachten wir zunächst das Quadrat von

$$b = 3\,(10^a + 10^{a-1} + \cdots + 10 + 1).$$

Wir erhalten:

$$b^2 = 9\,(10^a + 10^{a-1} + \cdots + 10 + 1)^2$$

oder:

$$b^2 = (10 - 1)\,(10^a + 10^{a-1} + \cdots + 10 + 1)$$
$$\text{mal}\,(10^a + 10^{a-1} + \cdots + 10 + 1)$$

oder, nach Umformung:

$$b^2 = (10^{a+1} - 1)\,(10^a + 10^{a-1} + \cdots + 10 + 1)$$

oder:

$$b^2 = (10^{2a+1} + 10^{2a} + 10^{2a-1} + \cdots + 10^{a+1})$$
$$- (10^a + 10^{a-1} + \cdots + 1).$$

Nachdem diese Umformung, die wir benutzen wollen, vorangestellt wurde, gehen wir von der Identität

$$(nb + 1)^2 = n^2b^2 + 2nb + 1$$

aus, deren rechte Seite wir auch so schreiben können:

$$n^2\,(10^{2a+1} + 10^{2a} + \cdots + 10^{a+1})$$
$$+ (6n - n^2)\,(10^a + 10^{a-1} + \cdots + 10)$$
$$+ (6n - n^2 + 1).$$

Setzt man nun in diesem Ausdruck n = 1, so erhält man:

$$(b + 1)^2 = 1 \cdot (10^{2a+1} + \cdots 10^{a+1})$$
$$+ 5 \cdot (10^a + \cdots + 10) + 6,$$

woraus rechts die Zahlen 16, 1156, 111556, 11115556 usw. hervorgehen, wenn man nacheinander $a = 0$, $a = 1$, $a = 2$, $a = 3$ usw. einsetzt, während links $(3 + 1)^2$, $(33 + 1)^2$, $(333 + 1)^2$, $(3333 + 1)^2$ herauskommt.

Setzt man zweitens $n = 2$, so erhält man:

$$[6(10^a + 10^{a-1} + \cdots) + 1]^2 = 4(10^{2a+1} + \cdots + 10^{a+1}) + 8(10^a + \cdots + 10) + 9,$$

woraus für $a = 0$, $a = 1$, $a = 2$ usw. nacheinander folgt:

$$7^2 = 49,\ 67^2 = 4489,\ 667^2 = 444889 \text{ usw.}$$

Setzt man n gleich 3 oder größer als 3, so bleiben zwar unsere obigen Formeln noch richtig. Sie bilden aber dann keine Quellen mehr für merkwürdige Zahlen, weil n^2, $6n - n^2$ und $6n - n^2 + 1$ Ziffern sein müssen, also nicht größer als 9 sein dürfen.

§ 8

ERRATEN DER AUGENSUMME VERDECKT LIEGENDER KARTEN

Auf einer einfachen arithmetischen Umformung beruht das sehr verbreitete Kartenkunststück, bei welchem die Summe der Werte verdeckt liegender Karten erraten wird. Meist wird dasselbe bei 32 Karten in folgender Weise ausgeführt. Man bittet jemand, er möchte sich 3 beliebige Karten auswählen, diese verdeckt als unterste Karten von 3 zu bildenden Häufchen hinlegen, dann von dem Werte jeder dieser Karten an weiterzählen bis 11 und für jede beim Weiterzählen ausgesprochene Zahl 1 Karte hinzulegen. Darauf läßt man sich die übriggebliebenen Karten geben und kann aus der Anzahl derselben entnehmen, wie groß die Wertsumme der zu Anfang ausgewählten 3 untersten Karten der entstandenen 3 Häufchen ist. Man hat nämlich in diesem Falle 4 zu der Anzahl der empfangenen übriggebliebenen Karten zu addieren. Dann erhält man die Wertsumme. Es möge ein As den Wert 11, ein König den Wert 4, eine Dame den Wert 3, ein Bube den Wert 2, eine Zehn, Neun, Acht, Sieben beziehungsweise die Werte 10, 9, 8, 7, haben. Angenommen nun, jemand habe König, Acht, As als unterste Karten ausgewählt. Dann hat er beim ersten Haufen den König mit 4 zu bezeichnen, dann weiterzuzählen von 5 bis 11, also 7 Karten hinzuzulegen. Ebenso hat er auf die Acht noch 3 Karten zu legen, um auf die Grenze 11 zu kommen. Bei dem As aber hat er keine Karten hinzuzulegen, weil dasselbe schon 11 gilt. Demnach hat er im ersten Haufen 8 Karten, im zweiten 4, im dritten 1 Karte. Er hat also abzuliefern 32 weniger 8 + 4 + 1 oder 19 Karten. 19 + 4 gibt 23. Folglich muß die Wertsumme 23 sein. In der Tat ist 4 + 8 + 11 = 23.

Wenn dagegen 52 Karten vorhanden sind, jedes der 4 Asse 11, jedes der 12 Bilder 10 und sonst jede Karte so viel gelten soll, wie Augen auf ihr sind, wenn ferner wiederum 3 Häufchen gebildet werden sollen und dabei bis 18 gezählt werden soll, so hat man zur Anzahl der empfangenen übriggebliebenen Karten 5 hinzuzuzählen, um die Wertsumme der untersten Karten der 3 Häufchen zu erhalten. Beispielsweise mögen unten Fünf, Zehn und König gelegt sein. Dann müssen auf die Fünf noch 13, auf die Zehn noch 8, auf den König, der ja Zehn gelten soll, auch noch 8 Karten hinzugelegt werden, so daß im ersten Haufen 14, im zweiten 9, im dritten 9 Karten liegen. Also sind zur Bildung der 3 Haufen 32 Karten verbraucht. Demnach werden 20 Karten zurückgegeben. Zu dieser Anzahl addiert man 5 und erhält dadurch die richtige Wertsumme 25, die sich aus 5 und 10 und 10 zusammensetzt.

Man erkennt sofort, daß es bei diesem Kunststück ganz gleichgültig ist, welcher Wert jeder Karte erteilt wird, und daß die Zahl, die man zur Anzahl der zurückerhaltenen Karten addieren muß, um die Wertsumme der untenliegenden Karten zu bekommen, nur von der Anzahl n der Karten, der Anzahl h der zu bildenden Häufchen und der Summe z der Grenzzahlen abhängt, bis zu welchen man bei den h Haufen zählen soll. Es ist nicht schwer, diese Abhängigkeit durch eine Formel auszudrücken. Für jeden der h Haufen mögen $a_1, a_2, a_3, \ldots a_h$ die Werte der untersten Karte bezeichnen, ferner $b_1, b_2, \ldots b_h$ die zu jedem Haufen verbrauchten Karten, endlich $z_1, z_2, \ldots z_h$ die Grenzzahlen, bis zu welchen bei jedem Haufen gezählt werden soll. Dann ist:

$$a_1 + b_1 = z_1 + 1;$$
$$a_2 + b_2 = z_2 + 1;$$
$$\vdots$$
$$a_h + b_h = z_h + 1.$$

Addiert man diese h Gleichungen, so erhält man, wenn

$$a_1 + a_2 + \cdots + a_h = a,\ b_1 + b_2 + \cdots + b_h = b,$$
$$z_1 + z_2 + \cdots + z_h = z \text{ gesetzt wird:}$$
$$a + b = z + h.$$

Nun ist aber die Gesamtzahl b der verbrauchten Karten gleich dem Überschuß der Anzahl n aller vorhandenen Karten über den zu empfangenden Rest r, also gleich $n - r$. Daher gilt:

$$a + n - r = z + h$$

oder:

$$a = z + h + r - n.$$

Im ersten der obigen Beispiele war $n = 32$, $h = 3$, z gleich 3mal $11 = 33$, also ist nach der soeben abgeleiteten Formel:

$$a = r + 4.$$

Im zweiten der obigen Beispiele war $n = 52$, $h = 3$, z gleich 3mal 18 oder 54. Also ergibt sich:

$$a = r + 5.$$

Da es wünschenswert ist, daß die Karten zur Bildung der Häufchen ausreichen und daß mindestens 1 Karte übrigbleibt, muß $z < n$ sein*). Ferner darf der höchste einer Karte erteilte Wert natürlich nicht größer sein, als die größte der Grenzzahlen $z_1, z_2, \ldots z_h$. Dadurch sind für die Grenzzahlen Bedingungen für ihre Größe gegeben, die wir für den Fall,

*) Bei den oben angegebenen Beispielen ist diese Bedingung nicht erfüllt ($n = 32$, $z = 33$). Hier würden die Karten für $z_1 = z_2 = z_3$ bei ungünstigen Anfangswerten, etwa $a_1 = a_2 = a_3 = 1$, nicht ausreichen.

daß $z_1 = z_2 = \ldots = z_h$, also $z = h \cdot z_1$ ist, und daß der niedrigste Wert einer Karte 1, der höchste Wert 11 beträgt, aufstellen wollen. Damit mindestens 1 Karte übrigbleibt, muß $hz_1 < n$ sein, und damit die gemeinsame Grenzzahl z_1 vom höchsten Wert 11 nicht übertroffen wird, muß auch $z_1 \geqq 11$ sein. Also ist die Grenzbedingung für z_1 die folgende:

$$11 \leqq z_1 < \frac{n}{h}.$$

Hieraus folgt beispielsweise, daß bei 32 Karten und 3 Häufchen z_1 nur 11 betragen kann, wobei der niedrigste Kartenwert 2 sein muß, da es sonst vorkommen könnte, daß die Karten doch nicht ausreichen. Es wäre nämlich nicht $hz_1 < n$, sondern $hz_1 = 33$ und $n = 32$. Bei 52 Karten und 4 Häufchen dürfte z_1 die Werte 11 und 12 haben. Beträgt, wie beim üblichen Kartenspiel, die niedrigste Augenzahl 2, so könnte z_1 auch den Wert 13 haben. Man beachte, daß die Anzahl n der Karten ganz beliebig sein darf, und daß dieselben auch kein volles Spiel zu bilden brauchen, sondern ganz beliebige Karten sein dürfen. Man wird daher, um in dieses Kunststück Abwechslung hineinzubringen, recht viele beliebige Karten nehmen, um recht viele Haufen bilden zu können. Hat man z. B. 100 Karten zur Verfügung, so könnte man bis zu 9 Haufen bilden lassen, wie die obige Grenzbedingung zeigt. Aus ihr folgt $z_1 = 11$ für $n = 100$ und $h = 9$.

§ 9

UMFÜLLUNGSAUFGABEN

Die Aufgaben, die wir hier behandeln, finden sich seit Bachets*) klassischem Buche nicht allein in allerhand Büchern, die arithmetische Belustigungen enthalten, sondern auch in Kalendern, Kinderbüchern und neuerdings in Unterhaltungsblättern und Provinzialzeitungen. Diese Aufgaben setzen voraus, daß nur eine beschränkte Anzahl von Gefäßen zur Verfügung steht und daß jedes dieser Gefäße eine bestimmte Anzahl von Litern faßt, ohne etwa durch Teilstriche erkennen zu lassen, der wievielte Teil des Gefäßes gefüllt ist. Mit Hilfe solcher Gefäße soll dann durch wiederholtes Umgießen schließlich eine vorgeschriebene Anzahl von Litern in das eine oder in das andere Gefäß hineinkommen. Als Flüssigkeit ist meist Milch oder Wein gewählt. Gewöhnlich wird bei diesen Aufgaben vorausgesetzt, daß nur 3 verschieden große Gefäße vorhanden sind, daß das größte dieser Gefäße vollkommen gefüllt ist, daß die beiden andern aber ganz leer sind und daß nun eine Halbierung der im größten Gefäße befindlichen Flüssigkeit stattfinden soll, indem nach wiederholtem Umgießen das größte Gefäß die eine Hälfte, das zweitgrößte die andere Hälfte der Flüssigkeit enthält. Bei Bachet (1612) hat die Aufgabe die folgende Fassung: „2 Freunde haben sich 8 Maß Wein zu teilen, sie besitzen denselben in einem 8 Maß fassenden Gefäße, haben aber außerdem nur noch 2 leere Gefäße, von denen das eine 5 Maß,

*) Vor Bachet behandelte das Problem Tartaglia im Anfang des 16. Jahrhunderts. Es kommt aber auch schon in älteren Quellen vor.

das andere 3 Maß faßt. Wie können sie den Wein in genau gleiche Teile teilen, indem sie sich einzig und allein der 3 Gefäße bedienen?" Zu dieser Aufgabe gibt Bachet zwei Lösungen, welche, wenn wir Liter statt Maß sagen, folgendermaßen lauten:

1. Man gieße den Wein in das 5 l fassende Gefäß, bis dasselbe voll ist, dann gieße man aus diesem Gefäß so lange in das 3 l haltende Gefäß, bis letzteres voll ist, so daß in dem zweitgrößten Gefäße 2 l übriggeblieben sind. Nun gieße man den Inhalt des kleinsten Gefäßes in das größte, so daß dasselbe nunmehr 6 l enthält. Dann gieße man die in dem zweitgrößten Gefäße zurückgebliebenen 2 l in das jetzt leere kleinste Gefäß. Darauf fülle man das zweitgrößte Gefäß, indem man aus dem größten Gefäß so viel abgießt, bis das zweite ganz gefüllt ist, so daß nunmehr die 3 Gefäße, der Reihe nach, 1, 5, 2 l enthalten. Jetzt entleere man das zweite Gefäß so weit, daß das kleinste Gefäß voll wird. Dann sind im zweiten Gefäß 4 l zurückgeblieben. Man hat also nur noch die im kleinsten Gefäß vorhandenen 3 l in das größte zu gießen, um zu erreichen, daß die 8 l halbiert sind.

2. Bei der zweiten von Bachet gegebenen Lösung gießt man zuerst in das 3 l haltende Gefäß, bis dasselbe voll ist, darauf die so erhaltenen 3 l in das mittelgroße Gefäß. Dann füllt man wiederum das kleinste Gefäß, indem man aus dem größten ausgießt, so daß im größten 2 l zurückbleiben. Nun gießt man aus dem kleinsten so lange in das zweitgrößte, bis dieses voll ist, und dann den ganzen Inhalt desselben in das größte Gefäß, das nun 7 l enthalten muß, während im kleinsten 1 l vorhanden ist. Dieses gießt man nun in das mittelgroße Gefäß. Endlich füllt man aus dem größten Gefäß in das kleinste, bis dieses voll ist, so daß im größten 4 l enthalten sein müssen und die Aufgabe erledigt ist, wenn man noch

die im kleinsten enthaltenen 3 l in das mittelgroße Gefäß übergießt.

Man kann diese Lösungen übersichtlicher und kürzer darstellen, wenn man den drei Gefäßen drei Spalten zuordnet und nacheinander in die Zeilen dieser Spalten die Zahlen schreibt, welche angeben, wieviel Liter nach jedem Umfüllen in den Gefäßen enthalten sind. Diese kürzere Darstellungsweise wollen wir auch im folgenden immer beibehalten. Ferner wollen wir die drei Gefäße mit A, B, C bezeichnen, so daß A das größte, B das zweitgrößte, C das drittgrößte bezeichnet. Die Zahl der Liter, die jedes Gefäß überhaupt fassen kann, setzen wir in Klammern unter A, B, C. So gewinnen die beiden oben auseinandergesetzten Lösungen die untenstehende übersichtliche Gestalt. (Nr. 1 und Nr. 2.)

Nr. 1

A (8)	B (5)	C (3)
8	0	0
3	5	0
3	2	3
6	2	0
6	0	2
1	5	2
1	4	3
4	4	0

Nr. 2.

A (8)	B (5)	C (3)
8	0	0
5	0	3
5	3	0
2	3	3
2	5	1
7	0	1
7	1	0
4	1	3
4	4	0

Nr. 3.

A (24)	B (13)	C (11)	D (5)
24	0	0	0
13	0	11	0
8	0	11	5
8	11	0	5
8	13	0	3
8	13	3	0
8	8	3	5
8	8	8	0

Man kann das Bachetsche Umfüllungsproblem in dreierlei Richtungen verallgemeinern:

1. dahin, daß man statt der Zahlen (8), (5), (3) beliebig gewählte andere Zahlen setzt, welche angeben sollen, wieviel Liter die drei Gefäße A, B, C fassen sollen;

2. dahin, daß man als Ziel nicht allein die Halbierung, sondern die Erreichung jeder möglichen Literzahl betrachtet;

3. dahin, daß man mehr als 3 Gefäße als zur Verfügung stehend voraussetzt.

Da die dritte Erweiterungsrichtung weniger Interesse bietet, weil die Auffindung einer Lösung dadurch zu sehr erleichtert wird und die Anzahl der denkbaren Lösungen zu groß wird, so wollen wir diese Erweiterung des Problems nicht eingehender behandeln, sondern nur ein Beispiel geben, das wir den „Mathematical Recreations" von Ball entnehmen. Das Gefäß A sei voll und enthalte 24 l, die Gefäße B, C, D, die leer sind, mögen 13, 11 und 5 l fassen. Man soll die 24 l durch Umgießen in 3 gleiche Teile teilen. Eine sehr kurze Lösung des Problems ist in Nr. 3 (s. S. 64) gegeben.

Die Zahlen für die von A, B, C gefaßten Liter mögen beziehungsweise a, b, c heißen. Zuerst sieht man leicht ein, daß bei dem Umfüllen immer nur zweierlei stattfinden kann. Entweder man macht das Gefäß, *aus* dem man gießt, ganz *leer* oder man macht das Gefäß, *in* das man gießt, ganz *voll*. Daher kann es, wie oft man auch umgießen mag, niemals vorkommen, daß keins der Gefäße ganz leer und zugleich auch keins ganz voll ist. Wenn also bei unsrer tabellarischen Darstellung der Ergebnisse der aufeinanderfolgenden Umfüllungen in einer Reihe keine 0 vorkommt, so muß notwendig entweder die zweite Zahl derselben Reihe gleich b oder die dritte Zahl dieser Reihe gleich c sein. Daß die erste Zahl gleich a ist, konnte ausgelassen werden, weil immer vorausgesetzt wird, daß überhaupt nur a Liter der Flüssigkeit vorhanden sind. Wir machen nun aus einem noch anzugebenden Grund zuerst die Annahme, es sei $a > b + c$. Soll dann durch das

Umfüllen jede mögliche Literzahl erreicht werden, so gibt es dafür nur zwei Methoden, auf welche man von selbst geführt wird, wenn man bei jedem Schritt darauf bedacht ist, keine Umfüllung vorzunehmen, durch welche sich eine schon dagewesene Teilung wiederholt, solange sich noch andere bieten. Denn eine solche Umfüllung wäre ja ganz unnötig. Von diesen Methoden, welche beide nach Durchlaufung aller überhaupt vorhandenen Teilungsmöglichkeiten schließlich auf die Ausgangsstellung zurückführen, ist die erste: Man gieße aus A in C, bis C voll ist, dann den Inhalt von C in B, darauf wieder aus A in C, bis C voll ist, und auch wieder den Inhalt von C in B. So fahre man fort, bis B ganz voll ist. Darauf fülle man den Inhalt von B in A und wenn in C ein Rest geblieben ist, diesen in B. Jetzt wiederhole man das anfängliche Verfahren und zwar wiederum so lange, bis B voll ist. Dann gieße man den Inhalt von B wieder in A und wenn in C ein Rest geblieben ist, diesen in B usw.

Die zweite Methode lautet folgendermaßen: Man gieße aus A in B, bis B voll ist, dann aus B in C, bis C voll ist, dann den Inhalt von C in A, dann nochmals aus B in C, bis C voll ist, dann aus dem vollen C in A und wiederhole dies so lange, bis es nicht mehr gelingt, C aus B ganz zu füllen. Darauf gieße man trotzdem diesen Rest in C, so daß B leer wird. Nun fülle man von neuem aus A in B, bis B voll ist und wiederhole den eben beschriebenen Prozeß, bis wiederum in B weniger als C ist. Dann gieße man diesen Rest wieder in C, fülle das leere B aus A, gieße aus B in C, bis C voll ist usw.

Die erste dieser Methoden stellen wir an dem Beispiel Nr. 4 dar, bei welchem die Bedingung $a > b + c$ erfüllt ist, und erkennen an diesem sofort, daß, wenn man die Reihenfolge der Teilungsschritte umkehrt, also von der letzten Reihe 15, 0, 0 anfangend zu der vorletzten 8, 7, 0 weiterschreitet usf., gerade die zweite Teilungsmethode entsteht, daß also diese beiden Verfahren Umkehrungen voneinander sind.

Treten wir nun an die Frage heran: Unter welchen Umständen läßt sich durch das Umfüllen jede mögliche Literzahl von 1 bis a erreichen? Als Antwort ergibt sich, daß a, b und c nur der Bedingung unterworfen sind, teilerfremd zu sein, sonst können nämlich beim Umfüllen nicht alle Literzahlen auftreten, sondern nur diejenigen, welche ebenfalls den gemeinsamen Teiler von a, b und c haben.

Nr. 4.

A (15)	B (7)	C (3)
15	0	0
12	0	3
12	3	0
9	3	3
9	6	0
6	6	3
6	7	2
13	0	2
13	2	0
10	2	3
10	5	0
7	5	3
7	7	1
14	0	1
14	1	0
11	1	3
11	4	0
8	4	3
8	7	0
15	0	0

Gehen wir jetzt auf die oben aufgestellte Bedingung $a > b + c$ zurück: von ihr sind wir ausgegangen, weil es sich zeigt, daß, wenn sie erfüllt ist, die beiden oben angegebenen Methoden die einzigen sind, mit denen man einen Fortschritt in der Behandlung unserer Aufgabe erzielen kann. Weicht man von ihr ab, so können die beiden Methoden noch immer anwendbar bleiben, sind aber nicht mehr die einzig möglichen.

Eine solche Abweichung von jener Bedingung kommt bei folgender Erwägung in Frage: Soll eine vollständige Durchführung unseres Teilungsverfahrens bis zur Wiedererreichung der Anfangsstellung möglich sein, so muß bei Benutzung der ersten Methode jedenfalls im Gefäß A immer so viel Flüssigkeit sein, daß C ganz gefüllt werden kann. A ist am geringsten gefüllt, wenn in B b Liter sind. Dann aber soll man ja aus B in A füllen. Sind aber in B nur $b - 1$ Liter und ist C noch leer, so fragt es sich, ob in A noch so viel Flüssigkeit ist, daß C ganz gefüllt werden kann. Da aber alle Flüssigkeit zusammen unverändert a Liter betragen muß, so müßte in A $a - b + 1$ Liter sein. Dies darf also nicht kleiner als c sein, d. h. in arithmetischer Zeichensprache:

$$a \geqq b + c - 1.$$

Daß bei $a = b + c - 1$ wirklich die oben angegebenen Methoden noch zum Ziel führen, lehrt das Beispiel Nr. 5. Dieses Beispiel zeigt auch, daß hier, wie behauptet wurde, noch andere von dem bisherigen Verfahren abweichende Umfüllungsmöglichkeiten vorhanden sind, indem man beispielsweise von der zweiten Zeile 8, 0, 5 oder der vierten 3, 5, 5 direkt zur zweiundzwanzigsten 0, 8, 5 übergehen kann.

Nr. 5.

A (13)	B (9)	C (5)
13	0	0
8	0	5
8	5	0
3	5	5
3	9	1
12	0	1
12	1	0
7	1	5
7	6	0
2	6	5
2	9	2
11	0	2
11	2	0
6	2	5
6	7	0
1	7	5
1	9	3
10	0	3
10	3	0
5	3	5
5	8	0
0	8	5
0	9	4
9	0	4
9	4	0
4	4	5
4	9	0
13	0	0

Für a besteht aber nicht bloß die untere Wertgrenze $b + c - 1$, sondern auch eine obere, wie uns das Beispiel Nr. 6 (S. 69) zeigen soll. Hier sind nur die Literzahlen von 1 bis 11 zu erreichen ($8 + 2 = 10$ der zehnten Zeile und $9 + 2$, wenn man die Gefäße B und C aus A ganz füllt).

Läßt man wie in Nr. 6 (s. S. 69) auch solche Flüssigkeitsmengen als Lösungen zu, welche sich aus dem Inhalt zweier Gefäße zusammensetzen, so ist nach Dr. W. Ahrens (Mathem. Unterhaltungen u. Spiele, 2. Aufl., Bd. I, S. 119) eine Teilung der a Liter in jedem beliebigen Verhältnis nach unseren beiden Methoden auch dann möglich, wenn

$$b + c - 1 \leqq a \leqq 2b + 2c + 1$$

ist. Wir wollen dies an dem Beispiel Nr. 7 zeigen, für dessen

Nr. 6.

A (50)	B (9)	C (2)
50	0	0
48	0	2
48	2	0
46	2	2
46	4	0
44	4	2
44	6	0
42	6	2
42	8	0
40	8	2
40	9	1
49	0	1
49	1	0
47	1	2
47	3	0
45	3	2
45	5	0
43	5	2
43	7	0
41	7	2
41	9	0
50	0	0

Nr. 7.

A (31)	B (12)	C (5)	
31	0	0	
26	0	5	
26	5	0	
21	5	5	
21	10	0	
16	10	5	
16	12	3	
28	0	3	
28	3	0	
23	3	5	
23	8	0	
18	8	5	8 + 5 = 13
18	12	1	
30	0	1	
30	1	0	
25	1	5	
25	6	0	
20	6	5	
20	11	0	
15	11	5	
15	12	4	
27	0	4	
27	4	0	
22	4	5	
22	9	0	
17	9	5	9 + 5 = 14
17	12	2	
29	0	2	
29	2	0	
24	2	5	
24	7	0	
19	7	5	
19	12	0	
31	0	0	

Nr. 8a.

A (20)	B (13)	C (9)
20	0	0
11	0	9
11	9	0
2	9	9
2	13	5
15	0	5
15	5	0
6	5	9
6	13	1
19	0	1
19	1	0
10	1	9
10	10	0
1	10	9
1	13	6
14	0	6
14	6	0
5	6	9
5	13	2
18	0	2
18	2	0
9	2	9
9	11	0
0	11	9
0	13	7
13	0	7
13	7	0
4	7	9
4	13	3
17	0	3
17	3	0
8	3	9
8	12	0

Zahlen diese Bedingung zutrifft. In der Tat kommen unter B alle Zahlen von 1 bis 12 vor, 13 erscheint in der Reihe 18, 8, 5 als 8 + 5, 14 in der Reihe 17, 9, 5 als 9 + 5 und die Zahlen von 15 bis 31 treten unter A auf.

Dr. W. Ahrens zeigt aber noch weiter, daß auch für den Fall

$$b + c - 2 \leqq a \leqq 2b + 2c + 1$$

die Aufgabe der Herstellung jedes Teilungsverhältnisses noch lösbar ist, allerdings bei $a = b + c - 2$ nicht mehr auf zwei Wegen. Wir wollen dies an einem achten Beispiel betrachten, dessen Behandlung nach der ersten Methode folgenden Verlauf nimmt (Nr. 8a):

Nr. 8b.

A (20)	B (13)	C (9)
20	0	0
7	13	0
7	4	9
16	4	0
16	0	4
3	13	4
3	8	9
12	8	0
12	0	8

Nach der Teilung 8, 12, 0 ist keine Fortsetzung des Verfahrens möglich, weil mit den in A vorhandenen 8 Litern das Gefäß C nicht von neuem gefüllt werden kann. Auf eine solche Unterbrechung stößt man in jedem Falle, wenn $a = b + c - 2$ ist. Um die noch fehlenden Literzahlen 4 und 8 herzustellen, steht aber noch die zweite Methode zur Verfügung, welche die Teilungen Nr. 8b liefert, dann aber auch abbricht.

Bezüglich der genaueren Begründung aller unserer Angaben verweisen wir auf das Ahrenssche Buch.

§ 10

NEUNERPROBE UND NEUNERKUNSTSTÜCK

Jede Zahl läßt, durch 9 dividiert, denselben Rest, wie ihre Quersumme, d. h. die Summe aller ihrer Ziffern. Dies rührt daher, daß die Basis 10 unsrer Zifferschrift und deshalb auch ihre Potenzen 100, 1000 usw., durch 9 dividiert, den Rest 1 lassen. Denn, wenn eine Zahl a Einer, b Zehner, c Hunderter, d Tausender usw. hat, so läßt sie sich folgendermaßen schreiben:

$$a + 10b + 100c + 1000d + \cdots$$

und diese Summe läßt sich zerlegen in eine andere Summe, deren erster Summand $a + b + c + d + \cdots$, also die Quersumme der vorliegenden Zahl ist, während der zweite Summand $9b + 99c + 999d + \cdots$ heißt, also eine durch 9 teilbare Zahl darstellt. Da dieser zweite Summand bei der Division durch 9 keinen Rest läßt, so muß der Rest, der bleibt, wenn man $a + 10b + 100c + 1000d + \cdots$ durch 9 dividiert, derselbe sein, wie bei Division der Quersumme $a + b + c + d + \cdots$ durch 9. Mit Benutzung dieser Regel kann man auch bei vielziffrigen Zahlen sehr schnell den *Neunerrest* bestimmen. Man hat nur nacheinander die Ziffern zu addieren und immer, sobald man dabei auf eine zweiziffrige Zahl stößt, wiederum deren Ziffersumme zu nehmen, wie folgendes Beispiel verdeutlicht:

Es sei zu der Zahl 74056892 der Neunerrest zu bestimmen, d. h. der Rest, der bleibt, wenn man diese Zahl durch 9 dividiert. Man rechnet dann so: $7 + 4 = 11$, d. h. $1 + 1 = 2$, $2 + 0 = 2$, $2 + 5 = 7$, $7 + 6 = 13$, d. h. $1 + 3 = 4$, $4 + 8 = 12$, d. h. $1 + 2 = 3$, $3 + 2 = 5$. Die Ziffer 9 konnte bei der Addition ausgelassen werden. Es ergibt sich also der Neunerrest 5. Auf diese Weise findet man bei einiger Übung den Neunerrest einer Zahl viel schneller, als wenn man die Zahl wirklich durch 9 dividiert.

Auf dem Bestimmen des Neunerrestes beruht die *Neunerprobe*, die in früheren Jahrhunderten beim Rechnen in den vier Grundrechenarten viel benutzt wurde, jetzt aber vielfach in Vergessenheit geraten ist, was bei den Vorteilen, die die Neunerprobe bietet, sehr zu bedauern ist. Die Neunerprobe besteht darin, daß man, außer mit den gegebenen Zahlen selbst, nebenbei auch ebenso mit ihren Neunresten rechnet. Dann muß das aus den Zahlen selbst gewonnene Resultat und das ebenso aus den Neunresten erhaltene Resultat denselben Neunrest haben. Stimmt dies nicht, so muß man einen Rechenfehler gemacht haben. Der Beweis der Richtigkeit der Neunerprobe geht aus folgendem hervor. Wenn eine Zahl n den Neunerrest r hat, so ist zu setzen:

$$n = 9a + r.$$

Wenn eine zweite Zahl n' den Neunerrest r' hat, so ist ferner:

$$n' = 9a' + r'.$$

Aus beiden Gleichungen erhält man aber durch Addition, Subtraktion und Multiplikation immer rechts eine Summe, deren erster Summand durch 9 teilbar ist, während der zweite Summand $r + r'$, $r - r'$, $r \cdot r'$ heißt. Damit ist die Neunerprobe für drei der Grundrechenarten bewiesen. Bei der Division braucht man nur den Neunerrest des Dividendus mit dem des Produkts aus dem Quotienten und dem Divisor zu vergleichen. Namentlich erweist sich die Neunerprobe beim Multiplizieren von vielziffrigen Zahlen als wertvoll.

Sie liefert indes nur eine wertvolle Kontrolle, aber keinen Beweis für die Richtigkeit einer Rechnung, da trotz falscher Rechnung der richtige Neunerrest erscheinen kann, z. B. wenn, wie es beim Dividieren geschehen kann, Nullen fortgelassen werden (8128 : 8 = 116 statt 1016; 116 und 1016 haben denselben Neunerrest 8).

Auf dem Nehmen des Neunerrestes beruhen auch mehrere Zahlenkunststücke, von denen besonders das folgende überraschend wirkt. Man lasse jemand eine ganz beliebige vielziffrige Zahl hinschreiben. Man bitte ihn dann, eine Zahl darunter zu schreiben, die aus genau denselben Ziffern sich zusammensetzt, aber in ganz beliebiger andrer Anordnung. Dann lasse man die kleinere der beiden Zahlen von der größeren subtrahieren und in der erhaltenen Differenz*) eine beliebige Ziffer, die nicht 0 ist, ausstreichen. Die durch dieses Ausstreichen entstandene vielziffrige Zahl lasse man nochmals aufschreiben und sich zeigen. Dann kann man aus dieser Zahl bestimmen, welche Ziffer ausgestrichen wurde, ohne eine Ahnung davon zu haben, welche Zahl anfänglich aufgeschrieben war. Man hat nämlich von der Zahl, die einem gezeigt wird, den Neunerrest zu nehmen und denselben von 9 abzuziehen. Dann erhält man stets die ausgestrichene Ziffer. Es sei z. B. anfänglich die Zahl

4735892006

aufgeschrieben. Darunter werde dann geschrieben:

2004589673.

Die Differenz beider Zahlen ergibt:

2731302333.

---

*) Wenn man will, kann man die Differenz auch erst noch mit einer ganz beliebigen Zahl multiplizieren lassen, und in dem erhaltenen Produkte eine beliebige Ziffer ausstreichen lassen.

Es werde nun, wollen wir annehmen, die Ziffer 1 ausgestrichen. Dann wird einem also die Zahl

273302333

gezeigt. Ihr Neunerrest ist 8. Folglich ist $9 - 8 = 1$ die ausgestrichene Ziffer. Warum dies immer stimmen muß, erkennt man, wenn man daran denkt, daß der Minuendus und der Subtrahendus der Subtraktion dieselben Ziffern, also auch dieselbe Quersumme und deshalb denselben Neunerrest besitzen. Folglich muß ihre Differenz durch 9 teilbar sein, also muß die ausgestrichene Ziffer und der Neunrest der durch das Ausstreichen entstehenden Zahl die Summe 9 haben. Man hat demnach nur den Neunrest der Zahl, die einem gezeigt wird, von 9 zu subtrahieren, um die ausgestrichene Ziffer zu erhalten.

§ 11

WÜRFELKUNSTSTÜCKE

Die Aufgabe, die Zahlen zu erraten, die gewürfelt werden, gehört in die Gruppe der in § 5 behandelten Aufgaben, sobald bei der Lösung derselben einzig und allein arithmetische Operationen benutzt werden, nicht aber auch die besondere Beschaffenheit eines Würfels. Die Würfel, wie sie seit einigen Jahrhunderten üblich sind, enthalten 6 Flächen, auf denen die 6 Zahlen von 1 bis 6, dargestellt durch 1 bis 6 Punkte, angebracht sind, aber immer derartig, daß zwei Zahlen, die zusammen 7 ergeben, auf 2 gegenüberliegenden, also einander parallelen Würfelflächen stehen. Wenn also bei einem Würfel die Zahl a oben liegt und der Würfel umgekehrt wird, so erscheint die Zahl 7 — a oben. Auf dieser besonderen Beschaffenheit der Würfel beruhen mehrere Kunststücke, von denen wir hier nur zwei, die von verschiedener Natur sind, hervorheben:

1. Um zu raten, welche beiden Zahlen jemand mit 2 Würfeln geworfen hat, lasse man den ersten Würfel umkehren und sich die nun entstandene Augensumme sagen. Darauf lasse man auch den zweiten Würfel umkehren und sich gleichfalls die dadurch erschienene Augensumme sagen. Die beiden Zahlen, die man gehört hat, addiere man, subtrahiere die Summe von 21 und halbiere den Rest. Dann erhält man die erste der beiden zu ratenden Zahlen. Ferner addiere man 7 zu der zuerst genannten Zahl und subtrahiere von der erhaltenen Summe die zweite der genannten Zahlen. Die Hälfte des Restes ergibt die zweite zu ratende Zahl. Es sei z. B. geworfen:

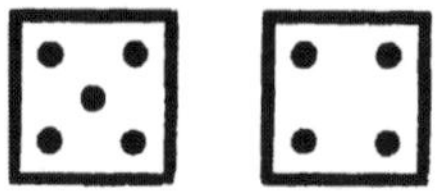

Nach Umkehrung des ersten Würfels ist die Augensumme $2 + 4 = 6$. Nach darauffolgender Umkehrung des zweiten Würfels ist die Augensumme $2 + 3 = 5$. Die Zahlen 6 und 5, die man hört, addiert man. Dies gibt 11, $21 - 11$ ergibt 10, wovon die Hälfte 5 die Zahl des ersten Würfels ist. Ferner ist $6 + 7 = 13$, $13 - 5 = 8$, also ist die Hälfte von 8, d. h. 4, die Zahl des zweiten Würfels. Allgemein sei m die Augenzahl von Würfel 1, n die von Würfel 2. Man erfährt jetzt $(7 - m) + n$ und $(7 - m) + (7 - n)$, bildet davon die Summe: $(7 - m + n) + (7 - m + 7 - n) = 21 - 2m$. Die Differenz zu 21 beträgt 2m, die Hälfte davon m. Im anderen Falle bildet man: $7 + (7 - m + n) - (7 - m + 7 - n) = 2n$; die Hälfte davon ergibt n.

2. Um einen Wurf von 3 Würfeln zu raten, lasse man die 3 Würfel nebeneinandersetzen. Dahinter lasse man noch 3 Würfel setzen, die in derselben Reihenfolge denselben Wurf darstellen. Darauf lasse man die 3 angesetzten Würfel umkehren, so daß nun 6 Würfel nebeneinanderstehen. Dieselben stellen eine sechsziffrige Zahl dar. Diese sechsziffrige Zahl lasse man erst durch 37 und den erhaltenen Quotienten noch durch 3 dividieren. Die Divisionen müssen immer aufgehen. Was nach der Division durch 3 herauskommt, ist eine vierziffrige Zahl, die man sich sagen läßt. Von ihr subtrahiere man 7, den Rest dividiere man durch 9. Dadurch erhält man eine dreiziffrige Zahl, deren 3 Ziffern den zu ratenden Wurf darstellen. Angenommen, es habe jemand

gewürfelt. Nachdem er dann 3 Würfel, die denselben Wurf darstellen, dahintergesetzt und dieselben umgekehrt hat, hat er das folgende Bild vor sich:

Diese 6 Würfel stellen die Zahl 263514 dar. Diese, durch 37 dividiert, ergibt 7122, diese Zahl, durch 3 geteilt, gibt 2374. Die Zahl 2374 wird nun dem, der den Wurf erraten will, mitgeteilt. Man hat 7 abzuziehen und durch 9 zu dividieren. So erhält man erst 2367 und dann 263. Also wurden die Augen 2, 6 und 3 geworfen. Warum dies immer stimmen muß, erkennt man aus folgendem. Die durch den Wurf dargestellte dreiziffrige Zahl heiße a, dann wird die Zahl $777 - a$ dahintergesetzt, so daß die entstehende sechsziffrige Zahl heißt:

$$1000a + (777 - a).$$

Dies ist aber $999a + 777$. Diese Zahl ergibt nach der Division durch 37:

$$27a + 21,$$

also kommt nach der Division durch 3 die Zahl $9a + 7$. Diese Zahl, die man hört, hat man zunächst um 7 zu vermindern. Dann erhält man $9 \cdot a$, woraus man nach Division durch 9 die gesuchte Zahl a erhält.

§ 12

DOMINOKETTEN

Auf jedem Stein eines Dominospiels sind 2 Zahlen durch Punkte, also in natürlicher Zifferschrift dargestellt, wobei auch die Zahl 0, gekennzeichnet durch einen leeren Platz, mit berücksichtigt ist. In dieser Weise sind bei einem vollständigen Dominospiel alle denkbaren Paare von je 2 der Zahlen von 0 bis n vorhanden, wobei auch die $n + 1$ Paare von 2 gleichen Zahlen nicht fehlen dürfen, die man Pasche nennt. So ergeben sich $\frac{1}{2}(n + 1)(n + 2)$ Steine für ein vollständiges Dominospiel. Die Kombinationslehre ergibt auch eine Formel für die Summe aller Augen auf den sämtlichen Steinen eines Dominospiels, nämlich $\frac{1}{2}n(n + 1)(n + 2)$*). Bei den im Handel vorkommenden Spielen ist n eine der Zahlen 6, 7, 8 oder 9. Da jeder Dominostein durch die Summe der Augen, die sich auf ihm befinden, eine bestimmte Zahl darstellt, so lassen sich aus Dominosteinen auch magische Quadrate (siehe § 22) zusammensetzen. Doch übergehen wir hier derartige Anordnungen von Dominosteinen, weil sie mit dem Wesen des Dominospiels nichts zu tun haben. Ebensowenig hat mit dem Charakter des Dominos das Kunststück zu tun, das man aus dem in § 8 behandelten erhält, wenn man bei demselben die Karten durch Dominosteine ersetzt. Die Hauptregel des Dominospiels verlangt, daß eine Kette von Steinen derartig

*) Denn jede Zahl kommt auf einem Pasch zweimal und außerdem noch n mal, im ganzen also $(n + 2)$ mal vor. Die Summe aller Zahlen von 0 bis n ist ferner $\frac{1}{2}n(n + 1)$. Also ist die gesamte Augensumme $\frac{1}{2}n(n + 1)(n + 2)$.

gebildet wird, daß immer 2 gleiche Zahlen zusammenstoßen. Wenn die Zahlen auf den Steinen nicht durch Punkte, sondern durch gewöhnliche Ziffern dargestellt werden, wie im folgenden geschehen soll, so sieht eine solche Kette folgendermaßen aus:

Nr. 1

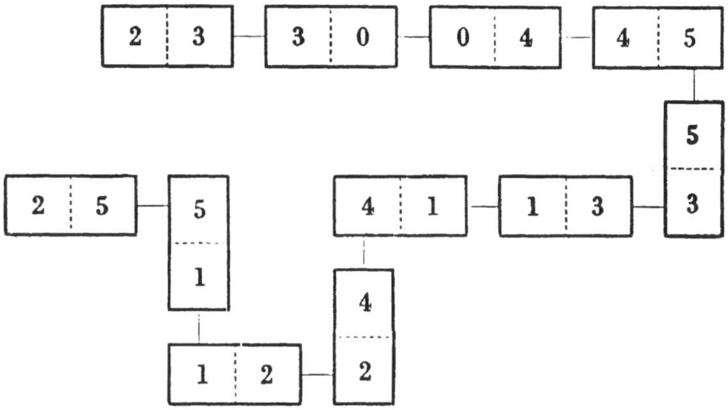

Endet eine solche Dominokette mit derselben Zahl, mit der sie beginnt, so daß sie als eine in sich zurücklaufende Linie gelegt werden kann, so heißt die Kette *geschlossen*. Da bei einer geschlossenen Kette jede Zahl auch unmittelbar daneben auf dem Nachbarstein vorkommt, tritt jede Zahl eine gerade Anzahl mal auf. Damit ein vollständiges Spiel, dessen Steine die Zahlen von 0 bis n tragen, eine einzige geschlossene Kette bilden kann, muß n eine gerade Zahl, also etwa 6 oder 8 sein; denn jede Zahl kommt $n + 2$ mal, und zwar auf $n + 1$ verschiedenen Steinen des Spiels vor.

Um zu zeigen, daß sich bei geradem n auch wirklich stets eine geschlossene Kette legen läßt, ordnen wir die Steine des Spiels nach folgendem Schema, bei dem die gerade Zahl n in der Form 2n' geschrieben wird ($n = 2n'$):

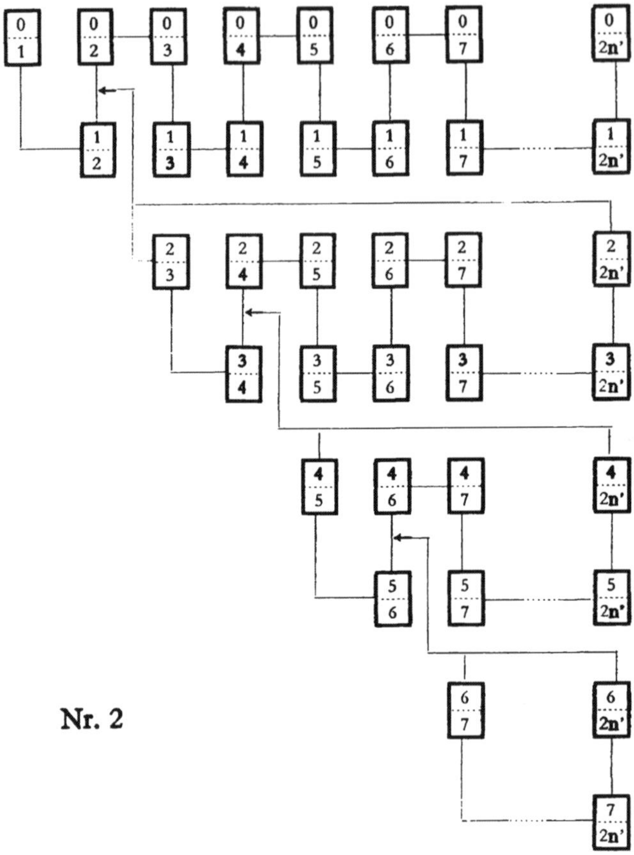

Nr. 2

Dabei sind die Pasche weggelassen worden, denn sie lassen sich in jede Kette, die alle Zahlen von 0 bis n enthält, mühelos einbauen. Die übrigen Steine werden so geordnet, daß die kleinere der beiden Zahlen die Zeile angibt, die größere dagegen die Spalte, in welcher der Stein untergebracht wird. Jeweils zwei Zeilen lassen sich dann auf einfache Weise derart durchlaufen, daß eine geschlossene Kette entsteht. Man erhält $\frac{n}{2}$ geschlossene Ketten verschiedener Länge, deren erste alle Zahlen von 0 bis n enthält, während die zweite nur die Zahlen von 2 bis n, die dritte die Zahlen von 4 bis n umfaßt, usw. Jede dieser Ketten läßt sich in die vorangehende

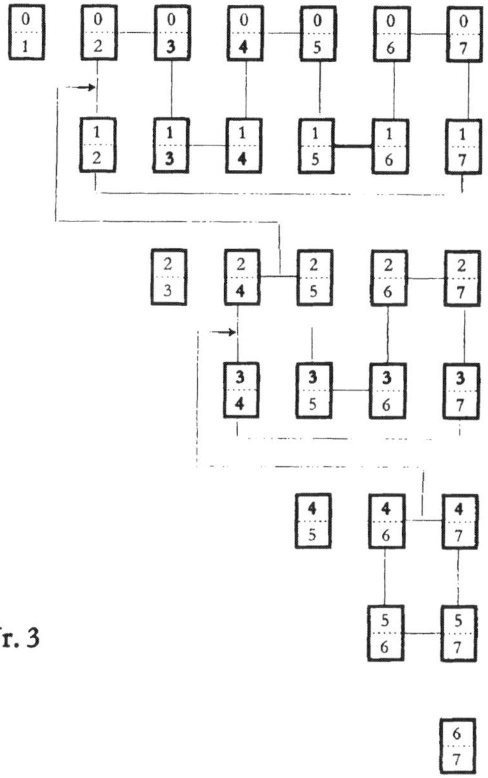

Nr. 3

größere einbauen (siehe Pfeile in der Abbildung Nr. 2), so daß schließlich eine mit dem Stein (0|1) beginnende und mit dem Stein (2n'|0) endende Kette übrigbleibt.

Ist aber n ungerade, so tritt jede Zahl eine ungerade Anzahl mal auf. Nimmt man nun jede Zahl einmal weg, z. B. durch Fortlassen der $\frac{1}{2}(n+1)$ Steine (0|1), (2|3), (4|5), . . ., so lassen sich die übrigen in ähnlicher Weise wie vordem zu einer geschlossenen Kette legen (Nr. 3).

Darauf, daß bei geradem n alle $\frac{1}{2}(n+1)(n+2)$ Steine eines vollständigen Spiels zu einer geschlossenen Kette gelegt werden können, beruht ein überraschendes Kunststück.

Entfernt man nämlich heimlich aus dem Dominospiel einen Stein, der nicht Pasch ist, so müssen die übrigen Steine, wie man sie auch der Spielregel gemäß legen mag, immer eine ungeschlossene Kette bilden, deren Anfangszahl und Schlußzahl die beiden Zahlen sind, die auf dem heimlich entfernten Steine stehen, so daß man imstande ist, demjenigen, der die Kette legt, von vornherein zu sagen, daß er, wie er auch die Steine anordnen mag, immer, wenn er mit der Zahl a anfängt, mit der Zahl b endigen muß, wo a und b die beiden Zahlen des heimlich entfernten Steines sind. Man kann das Kunststück auch so einrichten, daß man dem andern, der die Kette legen will, sagen läßt, mit welcher Zahl er anfangen und endigen möchte und wieviel Steine er verwenden möchte. Man nimmt dann Steine von solcher Beschaffenheit fort, daß sich aus ihnen eine ungeschlossene Kette legen läßt, die mit denselben Zahlen anfängt und schließt, die vom andern bei seiner Kette als Anfangs- und Schlußzahl gewünscht sind. Wenn z. B. bei einem Dominospiel, bei dem $n = 6$ ist, also 28 Steine vorhanden sind, der andere wünscht, mit 23 Steinen eine Kette zu legen, die mit 4 anfängt und mit 5 schließt, so hat man 5 Steine fortzunehmen, die eine Kette bilden, deren Endzahlen 4 und 5 sind, z. B. die folgenden:

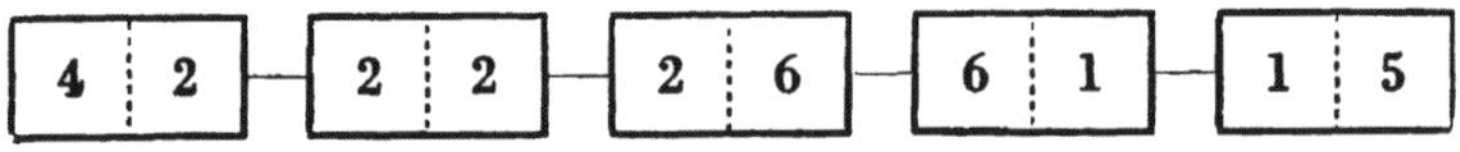

Nachdem diese 5 Steine entfernt sind, kann aus den 23 übrigen Steinen eine einzige Kette noch auf mannigfache Arten gelegt werden, immer aber müssen 4 und 5 die Endzahlen sein.

Bei ungeradem n müssen mindestens $\frac{1}{2}(n-1)$ Steine heimlich entfernt werden, damit sich aus den übrigen Steinen eine Kette mit vorgeschriebenen Endzahlen legen läßt, und zwar müssen die zu entfernenden $\frac{1}{2}(n-1)$ Steine alle Zahlen von 0 bis n mit Ausnahme derjenigen beiden Zahlen umfassen, die als Endzahlen der Kette gewählt sind. Soll z. B. bei einem Dominospiel, bei dem $n = 9$ ist, also 55 Steine vorhanden sind, eine Kette entstehen, die mit 3 anfängt und mit 7 endigt, so entferne man etwa die Steine:

| 0 ⁞ 1 | 2 ⁞ 4 | 5 ⁞ 6 | 8 ⁞ 9 |

Natürlich kann man auch mehr Steine entfernen. Es hat z. B. dieselbe Wirkung, ob man den einen Stein | 2 ⁞ 4 | oder, statt dessen, die beiden Steine | 2 ⁞ 3 | und | 3 ⁞ 4 | entfernt.

§ 13

DYADISCHE ZAHLEN

Bei der Benutzung moderner elektronischer Rechengeräte müssen die zu verwertenden Angaben in Form eines *Programms* in eine „Sprache" übersetzt werden, welche die Maschine „versteht" und verarbeiten kann. Die Ergebnisse werden von der Maschine in derselben „Sprache" geliefert und müssen nach bestimmtem Code in die Umgangssprache übersetzt werden. Die Sprache, oder besser: das Programm, ist meist eine recht komplizierte Sache; das Verblüffende daran ist jedoch, daß dieses Programm aus nur zwei Schriftzeichen aufgebaut wird.

Für die elektronische Maschine gibt es nämlich nur zwei Möglichkeiten, entweder es fließt ein Strom oder es fließt keiner. Ein Stromstoß bedeutet eine 1, sein Ausbleiben eine 0. Die Umformung einer Zahl oder eines Textes in dieses *Dualsystem* sowie auch die Rückübersetzung erfolgt bei modernen Maschinen automatisch. Jedem Buchstaben und jedem Schriftzeichen wird zunächst eine bestimmte Zahl unseres üblichen Dezimalsystems zugeordnet, so daß nur noch die Übersetzung aus dem Dezimalsystem zu erledigen bleibt.

Die Beschaffenheit der in 5 Finger gegliederten Hände ist einzig und allein daran schuld, daß die Zahl 10 der Finger beider Hände die Basis der Zahlwortbildung und auch der Zahlzeichenbildung bei fast allen Völkern geworden ist. Man kann jedoch, nach Analogie unserer auf dem Stellenwert beruhenden Zifferschrift, auf jeder anderen natürlichen Zahl als Basis eine Zifferschrift aufbauen, nur natürlich nicht auf der

Basis 1. Die kleinste Zahl, die als Basis dienen kann, ist die 2. So wie wir im Dezimalsystem außer 0 noch weitere neun Ziffern haben, so gibt es im Dualsystem außer 0 nur eine Ziffer, nämlich 1. Diese 1 ist, je nachdem, welche Stelle sie — von rechts gerechnet — einnimmt, als 2^0, als 2^1, als 2^2 usw. zu werten. Im Zweiersystem erscheint daher jede Zahl als Summe von Potenzen von 2 dargestellt.

So bedeutet z. B. die Zahl 111 des Dualsystems

$$2^2 + 2^1 + 2^0 \text{ oder } 7,$$

die Zahl 1010011 bedeutet

$$2^6 + 2^4 + 2^1 + 2^0 = 83,$$

1110100 dagegen bedeutet

$$2^6 + 2^5 + 2^4 + 2^2 = 116.$$

Der Dualbruch 1010,01101 bedeutet

$$2^3 + 2^1 + 2^{-2} + 2^{-3} + 2^{-5} = 10 + \tfrac{13}{32}.$$

Die Darstellung einer ganzen Zahl im Zweiersystem ist ziemlich einfach*). Man subtrahiere von ihr die größte in ihr enthaltene Potenz von 2. Von der Differenz subtrahiere man wiederum die größte darin enthaltene Potenz von 2 und fahre so fort, bis man auf den Rest 0 oder 1 kommt. Auf diese Weise gelingt es, die Zahl als Summe von Zweierpotenzen darzustellen. Jede dabei auftretende Potenz wird durch eine 1, jede nicht auftretende durch eine 0 ausgedrückt. Berücksichtigt man nunmehr, daß in der Schreibweise der Dualzahlen die letzte Ziffer die 0. Potenz von 2, die vorletzte die 1. Potenz von 2, die davorstehende Ziffer die 2. Potenz von 2 bedeutet usw., so ist es leicht, jede Zahl als Dualzahl zu schreiben.

*) Ohne Beweis sei erwähnt, daß jede nicht negative reelle Zahl als endlicher oder unendlicher Dualbruch darstellbar ist, ebenso aber auch als triadischer, dekadischer oder allgemein n-adischer Bruch.

Als Beispiel werde die Jahreszahl 1964 gewählt. Die höchste darin enthaltene Zweierpotenz ist $2^{10} = 1024$, der Rest beträgt 940 und enthält die Potenz $2^9 = 512$. Die Differenz $940 - 512 = 428$ enthält $2^8 = 256$. Die Zahl $428 - 256 = 172$ enthält $2^7 = 128$. Der Rest $172 - 128 = 44$ enthält zwar nicht $2^6 = 64$, wohl aber $2^5 = 32$. Die Differenz $44 - 32 = 12$ enthält $2^3 = 8$, der Rest 4 ist gleich 2^2.

Wir erhalten

$$1964 = 2^{10} + 2^9 + 2^8 + 2^7 + 2^5 + 2^3 + 2^2$$

und schreiben dafür

$$1 \cdot 2^{10} + 1 \cdot 2^9 + 1 \cdot 2^8 + 1 \cdot 2^7 + 0 \cdot 2^6 + 1 \cdot 2^5 + 0 \cdot 2^4 + 1 \cdot 2^3 + 1 \cdot 2^2 + 0 \cdot 2^1 + 0 \cdot 2^0.$$

Die Dualzahl für 1964 lautet daher

11110101100.

Auf der Darstellbarkeit der Zahlen als Summe von Zweierpotenzen beruhen mehrere Kunststücke, von denen einige hier behandelt werden sollen.

1. Man fertigt sich 7 Kärtchen an, auf deren erstem alle Zahlen stehen, die in dyadischer Zifferschrift mit einer 1 endigen, d. h. alle ungeraden Zahlen. Auf das zweite Kärtchen bringt man alle Zahlen, deren vorletzte dyadische Ziffer eine 1 ist, also 2, 3, 6, 7, 10, 11, 14, 15 usw. Auf das dritte Kärtchen kommen alle Zahlen, deren von rechts dritte Ziffer in dyadischer Zifferschrift eine 1 ist, wie 4, 5, 6, 7, 12, 13, 14, 15 usw. Das siebente Kärtchen würde die Zahlen von 64 bis 127 enthalten. Man bittet dann jemand, sich eine Zahl unter 128 zu denken, gibt ihm nacheinander die 7 Kärtchen und läßt sich jedesmal sagen, ob die gedachte Zahl auf dem Kärtchen ist oder nicht. Die Summe der ersten Zahlen derjenigen Kärtchen, auf denen die gedachte Zahl steht, ergibt dieselbe. War z. B. 77 die gedachte Zahl, so würde dieselbe als auf

dem ersten, dritten, vierten und siebenten Kärtchen befindlich gemeldet werden müssen, wonach man zu rechnen hätte:

$$1 + 4 + 8 + 64 = 77.$$

Statt der Zahlen kann man auch Vornamen, Städtenamen usw. nehmen, die in gewisser Weise den Zahlen zugeordnet sind, etwa gemäß einer Tabelle, die man willkürlich zusammengestellt hat. Statt 7 Kärtchen kann man natürlich auch weniger oder mehr nehmen. Bei n Kärtchen kann man $2^n - 1$ Zahlen oder Namen raten lassen.

2. Auf einem Tisch liegt eine gewisse Anzahl gleichartiger Gegenstände, etwa Spielmarken. Die Person A will diese raten und bittet B, er möchte, während A abwesend ist, von den Spielmarken nacheinander abwechselnd eine mit der rechten Hand und eine mit der linken Hand aufnehmen, die mit der rechten Hand aufgenommenen in einen Sammeltopf werfen, die mit der linken Hand aufgenommenen aber auf den ersten von einer Anzahl von Tellern legen, die in gerader Linie auf dem Tisch stehen müssen. Bleibt dabei eine Spielmarke übrig, so soll B dieselbe auf den Tisch oberhalb des ersten Tellers legen. Dann soll mit den auf dem ersten Teller liegenden Spielmarken ebenso verfahren werden, indem die mit der rechten Hand aufgenommenen in den Sammeltopf geworfen, die mit der linken Hand aufgenommenen aber auf den zweiten Teller gelegt werden, und, falls eine übrigbleibt, dieselbe oberhalb des zweiten Tellers Platz finden soll. So fortfahrend, muß B schließlich alle Spielmarken in den Sammeltopf geworfen haben, mit Ausnahme der wenigen, die auf dem Tisch oberhalb des einen oder des anderen Tellers liegen werden. Schließlich muß es kommen, daß auf einem Teller nur eine einzige Spielmarke liegt, die man dann oberhalb des Tellers zu legen hat. Wenn dann A an den Tisch herantritt, so kann er die An-

zahl der Spielmarken raten, die ursprünglich auf dem Tisch lagen. Er hat nur bei jedem Teller, über dem eine Spielmarke liegt, eine Potenz von 2 zu addieren, und zwar beim n-ten Teller die (n — 1)te Potenz von 2. Angenommen, A finde das folgende Bild vor:

Er hat dann zu rechnen:

$$1 + 4 + 8 + 32 = 45.$$

Es waren also ursprünglich 45 Spielmarken auf dem Tisch.

3. Noch überraschender wirkt die Benutzung der Eigenschaft jeder Zahl, eine Summe von Potenzen von 2 zu sein, bei dem folgenden Kunststück. A und B haben verabredet, daß die beiden Flächen einer Münze 0 und 1 einer dyadisch geschriebenen Zahl bedeuten sollen, also etwa die Wappenseite 0, die Schriftseite 1 darstellen soll. A geht hinaus, während B von den Teilnehmern der Gesellschaft eine Zahl verabreden läßt, die A raten soll. B düpiert die Gesellschaft, indem er sagt, daß A imstande wäre, allein aus den Winkeln, unter denen Münzen zueinandergelegt werden, jede beliebige Zahl zu erraten. B nimmt daher irgendwelche Münzen und stellt durch sie die verabredete Zahl dyadisch dar, indem er eine Münze, bei der die Schriftseite nach oben liegt, als 1 rechnet und eine, bei der die Wappenseite nach oben liegt, als 0 rechnet. Um zu täuschen und die Gesellschaft nicht auf den Gedanken kommen zu lassen, daß es bei dem Kunststück wesentlich ist, welche Seite oben liegt, wird B mit den Münzen Figuren bilden und so tun, als ob er sich Mühe gibt, die Winkel möglichst genau zu legen. Angenommen, die Gesellschaft habe die Zahl 217 verabredet. Dann wird B etwa das folgende Münzenbild legen, in dem jeder Kreis eine Münze darstellen und

W bzw. S andeuten soll, ob die Wappenseite oder die Schriftseite oben liegt:

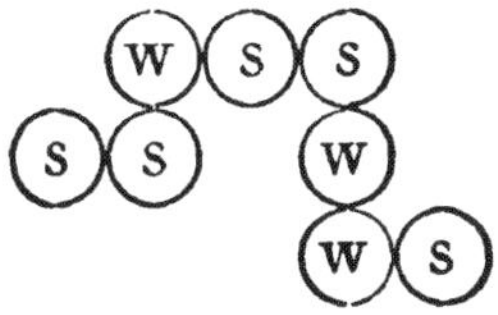

A kommt an den Tisch und erkennt aus den darauf liegenden Münzen, die er von rechts nach links ansieht, daß die verabredete Zahl

$$1 + 8 + 16 + 64 + 128 = 217$$

war.

§ 14

DAS GEWICHTSPROBLEM

Schon in dem Bachetschen Buche „Problèmes plaisans et délectables“ findet sich die Aufgabe, welche Gewichtsstücke vorhanden sein müssen, damit man auf einer Waage jede ganze Zahl von Pfunden bis 40 wägen könne, wenn es darauf ankommt, möglichst wenige solcher Gewichtsstücke zu haben. Wenn nur die eine Waagschale zum Aufsetzen der Gewichte benutzt werden soll, so ergibt sich, daß die Zahlen, welche angeben, wieviel Pfund jedes Gewichtsstück wiegt, die aufeinanderfolgenden Potenzen von 2 sein müssen, da, wie in § 13 gezeigt wurde, jede ganze Zahl als Summe von Potenzen der Zahl 2 darstellbar ist. Wenn aber beide Waagschalen zum Aufsetzen der Gewichte benutzt werden dürfen, also auch Gewichte subtrahiert werden dürfen, so sind die Potenzen von 3 die Zahlen, welche angeben, wieviel Pfund die Gewichtsstücke wiegen müssen. Um also jede ganze Zahl von Pfunden bis 40 wägen zu können, müssen vier Gewichtsstücke vorhanden sein, die

$$1, 3, 9, 27$$

Pfund wiegen. In der Tat kann man durch Additionen und Subtraktionen, die nur zwischen diesen 4 Zahlen oder einigen von ihnen bewerkstelligt werden, jede ganze Zahl bis 40 erreichen, wie die nebenstehende Tabelle zeigt.

Man erkennt leicht, daß es mit weniger Gewichten nicht möglich sein kann, alle Zahlen von 1 bis 40 darzustellen und

1 = 1	9 = 9	17 = 27 — 9 — 1
2 = 3 — 1	10 = 9 + 1	18 = 27 — 9
3 = 3	11 = 9 + 3 — 1	19 = 27 — 9 + 1
4 = 3 + 1	12 = 9 + 3	20 = 27 — 9 + 3 — 1
5 = 9 — 3 — 1	13 = 9 + 3 + 1	21 = 27 — 9 + 3
6 = 9 — 3	14 = 27 — 9 — 3 — 1	22 = 27 — 9 + 3 + 1
7 = 9 — 3 + 1	15 = 27 — 9 — 3	23 = 27 — 3 — 1
8 = 9 — 1	16 = 27 — 9 — 3 + 1	24 = 27 — 3

25 = 27 — 3 + 1	33 = 27 + 9 — 3
26 = 27 — 1	34 = 27 + 9 — 3 + 1
27 = 27	35 = 27 + 9 — 1
28 = 27 + 1	36 = 27 + 9
29 = 27 + 3 — 1	37 = 27 + 9 + 1
30 = 27 + 3	38 = 27 + 9 + 3 — 1
31 = 27 + 3 + 1	39 = 27 + 9 + 3
32 = 27 + 9 — 3 — 1	40 = 27 + 9 + 3 + 1

daß man überhaupt, mit Hilfe der addierten oder subtrahierten Potenzen von 3:

$$1, 3, 9, 27, 81, \ldots 3^n$$

alle Zahlen von 1 bis $\frac{1}{2}(3^{n+1} - 1)$ darstellen kann.

Das Bachetsche Gewichtsproblem ist seit seinem ersten Erscheinen 1612 in sehr vielen Büchern und Zeitschriften bis auf den heutigen Tag wiederholt worden. Es hat schließlich noch eine mathematisch behandelte Erweiterung erfahren, und zwar durch den Major MacMahon in seiner Abhandlung „Certain special partitions of numbers" (im Quarterly Journal of Mathematics, 1886). Dort wird die allgemeinere Aufgabe behandelt, auf welche Weise es überhaupt möglich ist, alle Gewichte von 1 Pfund bis n Pfund zu wägen, wenn die Gewichtsstücke gleich oder verschieden schwer vorausgesetzt werden. Aus den entwickelten Formeln ergibt sich z. B. für n = 40, daß es auf achtfache Weise möglich ist, jede ganze Zahl von Pfunden von 1 Pfund bis 40 Pfund zu wägen, wenn die Bedingung hinzukommt, daß nur Gewichtsstücke von 1, 3, 9, 27 Pfund verwandt werden sollen, und daß jedes Gewicht nur auf einerlei Weise darstellbar sein soll. Die 8 Möglichkeiten sind:

1. 40 Gewichtsstücke von je 1 Pfund;

2. 1 Gewichtsstück von 1 Pfund und 13 von je 3 Pfund;

3. 4 Gewichtsstücke von je 1 Pfund und 4 von je 9 Pfund;

4. 1 Gewichtsstück von 1 Pfund, 1 von 3 Pfund und 4 von je 9 Pfund;

5. 13 Gewichtsstücke von je 1 Pfund und 1 von 27 Pfund;

6. 1 Gewichtsstück von 1 Pfund, 4 von 3 Pfund, 1 von 27 Pfund;

7. 4 Gewichtsstücke von 1 Pfund, 1 von 9 Pfund, 1 von 27 Pfund;

8. 1 Gewichtsstück von 1 Pfund, 1 von 3 Pfund, 1 von 9 Pfund und 1 von 27 Pfund.

Die achte Möglichkeit gibt die Lösung des Bachetschen Problems. Man erkennt, daß diese Lösung diejenige ist, bei der am wenigsten Gewichtsstücke gebraucht werden und auch die einzige ist, bei der alle Gewichtsstücke verschieden schwer sind.

§ 15

VERTEILUNGSRÄTSEL

3 Personen I, II, III sitzen um einen Tisch, auf dem 3 kleine Gegenstände a, b, c und 24 Spielmarken liegen. Eine 4. Person D gibt von den Spielmarken 1 an I, 2 an II, 3 an III. In Abwesenheit von D eignet sich jede von den 3 Personen einen von den 3 Gegenständen a, b, c an und steckt ihn in die Tasche. D erbietet sich nun zu raten, welchen Gegenstand I, welchen II und welchen III fortgenommen hat, falls in seiner Abwesenheit folgendes stattfindet. Von den übriggebliebenen 18 Spielmarken soll die Person, welche sich den Gegenstand a genommen hat, so viel Spielmarken nehmen, als ihr D anfänglich gegeben hat, ferner die Person, welche sich b genommen hat, doppelt so viel, wie ihr D gegeben hat, und endlich die Person, welche sich c genommen hat, viermal so viel, wie ihr D gegeben hat. D ist dann imstande, aus der Anzahl der noch auf dem Tische liegenden Spielmarken zu ersehen, welchen Gegenstand die Person I, welchen II und welchen III genommen hat.

Dieses von Bachet in seinen „Problèmes plaisans et délectables" (Nr. XXV) aufgestellte und genau erörterte Problem ist seitdem in vielen Büchern und Unterhaltungszeitschriften mit unwesentlichen Varianten reproduziert worden. Die 3 Gegenstände a, b, c können an die 3 Personen I, II, III auf sechserlei Weise verteilt werden. Schreibt man nämlich von den 3 Buchstaben a, b, c denjenigen an erster, zweiter oder dritter Stelle, mit dem der von I, II oder III genommene Gegenstand bezeichnet ist, so ergeben sich die

6 durch Permutieren der Buchstaben a, b, und c entstehenden Tripel. Bei jeder der 6 möglichen Verteilungsarten kommt eine andere Summe der fortgenommenen Spielmarken, also auch eine andere Anzahl der auf dem Tisch liegengebliebenen heraus, wie aus der folgenden Tabelle ersichtlich ist:

Verteilung:	Fortgenommen:	Rest:
a b c	$1.1+2.2+3.4=17$	1
a c b	$1.1+2.4+3.2=15$	3
b a c	$1.2+2.1+3.4=16$	2
b c a	$1.2+2.4+3.1=13$	5
c a b	$1.4+2.1+3.2=12$	6
c b a	$1.4+2.2+3.1=11$	7

Um den Zusammenhang der 6 Restzahlen 1, 3, 2, 5, 6, 7 mit den 6 Verteilungsarten leicht im Gedächtnis behalten zu können, hat schon Bachet einen Merkvers angegeben. Nimmt man statt der ersten 3 Buchstaben a, b, c die ersten 3 Vokale a, e, i, so läßt sich die Beziehung der Reste zu den Verteilungsarten durch den folgenden Vers behalten:

Par fer, César, jadis, devint, si grand, prince. Die hierin enthaltenen Worte bzw. Wortpaare beziehen sich, der Reihenfolge nach, auf die Reste 1, 2, 3, 5, 6, 7. Hat man so aus dem übriggebliebenen Rest das Wort oder Wortpaar des Merkverses, so geben die beiden darin enthaltenen Vokale der Reihe nach an, welchen Gegenstand I und welchen II genommen hat, woraus dann von selbst folgt, welchen Gegenstand III genommen hat. Waren z. B. 2 Spielmarken liegengeblieben, so gibt der Merkvers das Wort „César". Da e der zweite, a der erste Vokal des Alphabets ist, so hat I den zweiten Gegenstand, II den ersten, also III den dritten genommen. Waren 6 Spielmarken liegengeblieben, so ergibt „si grand", daß I den dritten, II den ersten, also III den zweiten Gegenstand genommen hat. Oughtred, dessen „Mathematical recreations" in London 1653 erschienen, gab als mnemotechnisches Hilfsmittel statt des Bachetschen französischen Verses den folgenden lateinischen Vers:

Salve certa animae semita vita quies.

Schon Bachet hat sein Problem von 3 Personen und 3 Sachen auf 4 Personen und 4 Sachen ausgedehnt. Die Anzahl der auf dem Tisch liegenden Spielmarken ist in diesem Falle bei ihm 78. Die Personen I, II, III, IV haben mit den Zahlen 1, 2, 3, 4 zu multiplizieren, und die zweiten Faktoren, die von den 4 genommenen Gegenständen abhängen, sind 1, 4, 16, 0. Es sind 24 Verteilungsarten möglich, die von den Anzahlen der auf dem Tisch zurückgebliebenen Spielmarken so abhängen, wie die folgende Tabelle angibt, wo die 4 Sachen a, b, c, d genannt sind.

Reste	I	II	III	IV
0	d	a	b	c
1	a	d	b	c
3	d	b	a	c
5	a	b	d	c
7	b	d	a	c
8	b	a	d	c
12	d	a	c	b
13	a	d	c	b
18	d	b	c	a
21	a	b	c	d
22	b	d	c	a
24	b	a	c	d

Reste	I	II	III	IV
27	d	c	a	b
29	a	c	d	b
30	d	c	b	a
33	a	c	b	d
38	b	c	d	a
39	b	c	a	d
43	c	d	a	b
44	c	a	d	b
46	c	d	b	a
48	c	a	b	d
50	c	b	d	a
51	c	b	a	d

Die Verteilung von 4 Sachen unter 4 Personen ist vor Bachet schon in einem von Diego Palomino verfaßten und

1599 erschienenen Buche behandelt, in dem auch die magischen Quadrate besprochen sind.

Denkt man sich statt der den Personen zugewiesenen Zahlen von 1 bis 4 die allgemeinen Zahlen

$$a_1, a_2, a_3, \ldots a_n$$

und statt der den 4 Sachen zugewiesenen Zahlen 1, 4, 16, 0 die allgemeinen Zahlen

$$x_1, x_2, x_3, \ldots x_n,$$

so gelangt man von dem Bachetschen Probleme zu dem folgenden mathematischen Probleme: Wenn man bei jedem der $n!$ durch Permutation von $x_1, x_2, \ldots x_n$ entstehenden Komplexe die n darin auftretenden Größen der Reihe nach mit den gegebenen Zahlen $a_1, a_2, a_3, \ldots a_n$ multipliziert und die erhaltenen n Produkte addiert, so entstehen als Summen $n!$ Zahlen, die alle verschieden sein sollen. Wie sind dann $x_1, x_2, x_3, \ldots x_n$ zu bestimmen?

Falls $a_1, a_2, \ldots a_n$ die Zahlen von 1 bis n bedeuten, hat Herr Labosne, der Bearbeiter der 1879 erschienenen vierten Auflage des Bachetschen Buches, eine Methode angegeben (vgl. dort Note IV), die immer zu einer Lösung führt. Auch fügte Herr Labosne hinzu, daß man die auf die 4 Gegenstände bezüglichen Bachetschen Zahlen 1, 4, 16, 0 auch durch 1, 2, 5, 15 ersetzen kann, falls den 4 Personen die Zahlen 1, 2, 3, 4 zugewiesen werden.

§ 16

ADDITIONSSPIEL

A und B verabreden ein Spiel, das darin besteht, daß jeder eine größere Zahl nennt, als diejenige ist, die der andere eben genannt hat, daß aber der Überschuß einer genannten Zahl über die vorhergenannte Zahl nicht größer ist als 10, und daß derjenige *gewonnen* hat, der zuerst die Zahl „100" zu nennen berechtigt ist.

Bei diesem schon von Bachet mitgeteilten Spiel (Problèmes plaisans et délectables, Problème XXII) gewinnt immer derjenige, der zuerst eine der Zahlen

1, 12, 23, 34, 45, 56, 67, 78, 89

nennen kann, falls er dann weiterhin keine andere Zahl als eine Zahl derselben Folge nennt. Wenn er dann 89 genannt hat, so kann der andere, der Spielregel gemäß, keine andere Zahl als eine der Zahlen von 90 bis 99 nennen, worauf dann sofort 100 genannt werden darf, wodurch das Spiel gewonnen ist. Damit aber einer der Spieler, etwa A, 89 nennen kann, muß er vorher 78 genannt haben, da dann B bei seinem Addieren unter 89 bleiben muß. Damit ferner A 78 nennen kann, muß er vorher 67 genannt haben, usw. Man sieht also, daß man von der Grenzzahl 100 nacheinander 11 abziehen muß, um die Zahlen zu erhalten, die A nennen muß, um sicher zu gewinnen. Ist verabredet, daß B das Spiel beginnen soll und nennt er eine Zahl der obigen Folge, so muß A verlieren, falls B nie eine andere Zahl, als eine der obigen Folge nennt. Wenn aber B beginnt und eine nicht jener Folge angehörige

Zahl nennt, so muß A gewinnen, falls er sofort die nächste erlaubte Zahl der obigen Folge nennt und dann konsequent immer 11 zu der von ihm zuletzt genannten Zahl addiert. Das allgemeine Gesetz, nach dem eine solche Folge zu bilden ist, ist leicht zu erkennen. Setzt man z statt 100 und ist d der verabredete höchste Überschuß einer genannten Zahl über die vorher genannte, so wie es eben 10 war, so stellt

$$z - n \cdot (d + 1)$$

die Zahlen dar, die A nacheinander nennen muß, um zu gewinnen. Soll also z. B. derjenige gewinnen, der zuerst 40 sagen kann, und ist 6 der verabredete höchste Überschuß, so hat A, um zu gewinnen, sich aus

$$40 - 7\,n$$

die Zahlenfolge:

$$5,\ 12,\ 19,\ 26,\ 33$$

zu berechnen und diese Zahlen nacheinander zu nennen. Wenn beide Spieler, A und B, das Spiel und die zugehörige Folge kennen, so gewinnt natürlich der, der anfängt, eine Zahl zu nennen.

Eine kleine Variante des Spiels besteht darin, daß derjenige *verlieren* soll, der zuerst die Zahl z nennen muß. Dann muß A, um zu gewinnen, die Zahlen nennen, die aus

$$z - 1 - n\,(d + 1)$$

hervorgehen, wenn man für n ganze Zahlen einsetzt, also, falls wieder $z = 40$, $d = 6$ ist,

$$4,\ 11,\ 18,\ 25,\ 32.$$

Wenn A es erreicht hat, 32 nennen zu dürfen, so muß der andere Spieler B notwendigerweise eine der Zahlen von 33 bis 38 nennen. Darauf sagt A 39 und B, da er eine größere Zahl nennen muß, höchstens aber 40 sagen darf, muß 40 sagen, wodurch A gewonnen, B verloren hat.

§ 17

VOLLKOMMENE ZAHLEN

Die Griechen liebten es, schon seit der Zeit der Pythagoreer, die ganzen Zahlen hinsichtlich ihrer eigentümlichen Eigenschaften zu studieren. Namentlich wurden die Zahlen hinsichtlich der Summe ihrer Teiler untersucht. Jede Zahl ist entweder vollkommen oder überschießend oder mangelhaft. *Vollkommen* heißt eine Zahl, wenn die Summe ihrer sämtlichen Teiler ihr gleich ist, *überschießend*, wenn die Teilersumme größer als die Zahl selbst ist, *mangelhaft*, wenn die Teilersumme kleiner als die Zahl selbst ist. Dabei wird die Zahl 1 als Teiler mitgezählt, nicht aber die Zahl selbst als ihr eigener Teiler betrachtet. Die Teilersumme einer Zahl findet man leicht aus ihrer Zerlegung in Primfaktoren, wie folgende Beispiele zeigen. Die Zahl 72 ist gleich 8 mal 9, also gleich $2^3 \cdot 3^2$, woraus folgt, daß ihre sämtlichen Teiler, einschließlich 72 selbst, entstehen, wenn man jede Zahl der Folge 1, 2, 2^2, 2^3 mit jeder der Zahl der Folge 1, 3, 3^2 multipliziert. Also muß die Summe der Teiler der Zahl 72 herauskommen, wenn man $1 + 2 + 2^2 + 2^3$ mit $1 + 3 + 3^2$ multipliziert und vom erhaltenen Produkt 72 subtrahiert. Man erhält dadurch $15 \cdot 13 - 72 = 195 - 72 = 123$. Da 123 größer als 72 ist, so ist 72 eine überschießende Zahl. Prüfen wir zweitens die Zahl 880. Ihre Zerlegung in Primfaktoren ergibt viermal die Primzahl 2, einmal die 5, einmal die 11. Also ist $880 = 2^4 \cdot 5 \cdot 11$, weswegen sich die sämtlichen Teiler von 880 ergeben, wenn man jede Zahl der Folge 1, 2, 4, 8, 16 mit jeder Zahl der Folge 1, 5, und das Produkt endlich mit jeder

Zahl der Folge 1, 11 multipliziert. Daraus folgt, daß die Teilersumme von 880 gleich

$$(1 + 2 + 4 + 8 + 16)(1 + 5)(1 + 11) - 880$$

ist, also $31 \cdot 6 \cdot 12 - 880 = 186 \cdot 12 - 880 = 2232 - 880 = 1352$ ist. Also ist auch 880 überschießend. Dagegen ist 147 eine mangelhafte Zahl, weil $147 = 3 \cdot 7^2$ und $(1 + 3)(1 + 7 + 49) - 147 = 228 - 147 = 81 < 147$ ist. Endlich ist die Zahl 496 vollkommen, weil $496 = 2^4 \cdot 31$ ist, und weil $(1 + 2 + 4 + 8 + 16)(1 + 31) - 496 = 31 \cdot 32 - 496 = 992 - 496 = 496$ ist.

Wie schon Euklid um 300 vor Christi Geburt bewiesen hat, entstehen gerade vollkommene Zahlen dadurch, daß man irgendeine Primzahl, die um 1 kleiner ist als eine Potenz von 2, mit der nächst kleineren Potenz von 2 multipliziert. Es ist z. B. 31 eine Primzahl, die um 1 kleiner ist als 32, die fünfte Potenz von 2. Multipliziert man 31 mit der nächst niederen Potenz von 2, also mit 16, so entsteht die vollkommene Zahl 496. Daß diese Euklidische Regel immer zu einer vollkommenen Zahl führt, geht aus dem oben dargelegten Verfahren für die Auffindung der Teilersumme einer Zahl hervor. Denn, wenn $2^n - 1$ eine Primzahl ist, so erhält man die Teilersumme der Zahl

$$(2^n - 1) \cdot 2^{n-1}$$

dadurch, daß man die Summe

$$1 + (2^n - 1)$$

mit der Summe

$$1 + 2 + 2^2 + 2^3 + \cdots 2^{n-1}$$

multipliziert und vom erhaltenen Produkte die Zahl selbst subtrahiert. Nun ist:

$$(1 + 2^n - 1) \cdot (1 + 2 + 2^2 + \cdots 2^{n-1})$$
$$- (2^n - 1) \cdot 2^{n-1} = 2^n \cdot (2^n - 1) - 2^{n-1} \cdot (2^n - 1)$$
$$= (2^n - 1) \cdot (2^n - 2^{n-1}) = (2^n - 1) \cdot 2^{n-1} \cdot (2 - 1)$$
$$= (2^n - 1) \cdot 2^{n-1}.$$

Man sieht also, daß die Teilersumme gleich der Zahl selbst wird. Euler hat bewiesen, daß es keine anderen *geraden* vollkommenen Zahlen geben kann, als die auf solche Weise entstehenden. Daß es keine ungeraden vollkommenen Zahlen unterhalb einer sehr hohen Grenze geben kann, ist neuerdings bewiesen. Noch aber ist ein allgemeiner Beweis nicht geliefert, daß es überhaupt keine ungeraden vollkommenen Zahlen geben kann. Von späteren Griechen haben sich besonders Nikomachos und Jamblichos mit vollkommenen Zahlen beschäftigt. Von Jamblichos ist ein ausführlicher Bericht über diese Zahlen verfaßt, in dem behauptet wird, daß jede Myriadenstufe eine vollkommene Zahl enthält. Unter erster Myriadenstufe versteht nämlich Jamblichos die Zahlen von 10^4—10^8, unter zweiter die von 10^8 bis 10^{12} und überhaupt unter n-ter Myriadenstufe die Zahlen

$$\text{von } 10^{4n} \text{ bis } 10^{4(n+1)}.$$

Herr Hultsch hat 1895 und 1896 diese Behauptung des Jamblichos in den Nachr. der Kgl. Sächs. Gesellschaft der Wiss. geprüft und festgestellt, daß die erste myriadische Stufe zwar eine, die zweite aber zwei, die dritte keine, die vierte eine, die fünfte, sechste, siebente, achte keine, die neunte aber wieder eine vollkommene Zahl besitze. Da $(2^p - 1) \cdot 2^{p-1}$ nur dann eine vollkommene Zahl liefert, wenn $2^p - 1$ Primzahl ist, so ist die Aufsuchung der Primzahlen von der Form $2^p - 1$ erforderlich, um alle vollkommenen Zahlen finden zu können. Mit dieser Aufsuchung hat sich besonders Mersenne beschäftigt, und zwar in seinen 1644 erschienenen Cogitata Physico-Mathematica. Zunächst ist einzusehen, daß $2^p - 1$ nur dann Primzahl sein kann, wenn p Primzahl ist. Denn wenn $p = m \cdot n$ wäre, wo m und n beide größer als 1 sind, so folgt aus der Teilbarkeit von $x^n - 1$ durch $x - 1$, daß auch $2^{m \cdot n} - 1$ durch $2^m - 1$ teilbar sein muß. Man hat nun nacheinander die Zahlen von der Form $2^p - 1$, wo p Primzahl ist, untersucht, und zwar vorläufig*) bis $p = 127$. So ist nunmehr festgestellt, daß $2^p - 1$ mit $p \leqq 127$ nur dann Primzahl ist, wenn p eine der Zahlen

2, 3, 5, 7, 13, 17, 19, 31, 61, 89, 107, 127

ist. Die aus den ersten 9 dieser 12 Zahlen entstehenden Primzahlen von der Form $2^p - 1$ sind folgende:

3, 7, 31, 127, 8191, 131071, 524287,
2147'483647, 2'305843'009213'693951.

Hieraus ergeben sich nach dem oben besprochenen Euklidischen Bildungsgesetz als vollkommene Zahlen:

6, 28, 496, 8128, 33'550336, 8589'869056,
137438'691328; 2'305843'008139'952128,
und 2'658455'991569'831744'654692'615953'842176,

zu welchen 3 noch größere aus den Zahlen 89, 107 und 127 entstehende hinzukommen.

Es sind also bis jetzt 12 vollkommene Zahlen wirklich ausgerechnet*), und die größte unter ihnen ist 77-ziffrig. Es

*) Inzwischen sind weitere vollkommene Zahlen bekannt, nämlich für die Primzahlexponenten

521, 607, 1279, 2203, 2281, 3217, 4253, 4423.

(Alexander Hurwitz: New Mersenne Primes, Math. Comp. 16, 249—251; 1962.) Wie Prof. Alwin Walther, Darmstadt, in einem Artikel über „Elektronisches Rechnen und Schulmathematik", Mathematisch-Physikalische Semesterberichte, Bd. X, Heft 2, Vandenhoeck & Ruprecht, Göttingen 1964, mitteilt, hat inzwischen Donald B. Gillies an der Universität Urbana (Illinois) mit dem ist auffällig, daß jede dieser Zahlen entweder mit der Ziffer 6 oder mit den Ziffern 28 endigt. Dies ist nicht Zufall, sondern ein allgemeines, für alle geraden vollkommenen Zahlen bewiesenes Gesetz.

Mit der Definition der vollkommenen Zahlen verwandt ist die Definition der „*befreundeten*" Zahlen. Befreundet heißen nämlich 2 verschiedene Zahlen, wenn jede von ihnen gleich der Teilersumme der andern ist. Solche 2 Zahlen sind z. B. 220 und 284, denn $220 = 2^2 \cdot 5 \cdot 11$, $284 = 2^2 \cdot 71$, woraus folgt, daß die Teilersumme von 220 gleich

$$(1 + 2 + 2^2)(1 + 5)(1 + 11) - 220$$
$$= 7 \cdot 6 \cdot 12 - 220 = 504 - 220 = 284$$

ist, und daß die Teilersumme von 284 gleich

$$(1 + 2 + 2^2)(1 + 71) = 7 \cdot 72 - 284$$
$$= 504 - 284 = 220$$

ist. Nach Jamblichos sollen schon die Pythagoreer den Begriff der befreundeten Zahlen definiert haben. Mit der Aufstellung eines allgemeinen Gesetzes zur Auffindung von Paaren befreundeter Zahlen beschäftigten sich Cartesius und dann Euler.

Rechenautomaten ILLIAC II drei weitere Mersennesche Primzahlen gefunden. Die Exponenten p lauten: 9689, 9941, 11213.

Die zum größten dieser drei Exponenten gehörende Mersennesche Zahl hat 3375 Dezimalstellen. Bei $p = 9689$ benötigte der Rechenautomat, wie weiter mitgeteilt wird, für die etwa 750 Millionen Multiplikationen und Additionen ungefähr 85 Minuten. Derartig umfangreiche Berechnungen können natürlich nur noch mit elektronischen Geräten ausgeführt werden.

§ 18

PYTHAGOREISCHE UND HERONISCHE ZAHLEN

Die Umkehrung des pythagoreischen Lehrsatzes sagt aus, daß ein Dreieck rechtwinklig ist, wenn das Quadrat über einer Seite ebensoviel Inhalt hat, wie die Summe der Quadrate über den beiden andern Seiten. Man kann daher einen rechten Winkel dadurch konstruieren, daß man 3 Zahlen x, y, z sucht, die der Bedingung

$$x^2 = y^2 + z^2$$

genügen, und daß man dann ein Dreieck herstellt, dessen Seiten x, y und z mal so groß sind wie irgendeine als Maßeinheit dienende Strecke. Die kleinsten ganzen Zahlen, die der Bedingungsgleichung $x^2 = y^2 + z^2$ gehorchen, sind 5, 4, 3, da $5^2 = 25 = 4^2 + 3^2 = 16 + 9$ ist. Die Erkenntnis, daß die Zahlen 5, 4, 3 auf ein *rechtwinkliges* Dreieck führen, ist, nach dem Berichte der Griechen, uralten ägyptischen Ursprungs*). Hiernach sollen in ältester Zeit bei der Fundamentierung eines ägyptischen Baues die Harpedonapten, d. h. Seilspanner, deshalb eine Rolle gespielt haben, weil sie in der Kunst geübt waren, 3 Pflöcke so in die Erde zu stecken, daß sie einen genauen rechten Winkel ergaben. Nachdem nämlich durch die von der Sonne entworfene kürzeste Schattenlänge die genaue Richtung von Norden nach Süden als die eine Hauptrichtung des zu errichtenden Bauwerks fest-

*) Vermutlich waren vor den Ägyptern schon den Babyloniern solche Zahlentripel bekannt. Einen formulierten Lehrsatz oder gar einen Beweis kannten die Babylonier jedoch nicht.

gestellt war, mußten die Seilspanner kommen, um die Richtung von Osten nach Westen als die zweite Hauptrichtung durch Pflöcke zu bezeichnen. Sie bedienten sich dazu eines in sich selbst zurücklaufenden Seiles, das durch Knoten in 12 gleiche Teile geteilt war, und sorgten nun dafür, daß die beiden Pflöcke, die die Richtung von Norden nach Süden angaben, um 4 solcher Teile entfernt waren. Wenn sie dann mit einem dritten Pflock das in sich selbst zurücklaufende Seil so spannten, daß sich an den einen Pflock 5 Teile, an den andern Pflock 3 Teile anschlossen, so bildeten die beiden Seilrichtungen, die 3 und 4 Teilen entsprachen, einen genauen rechten Winkel. Hiernach muß also dem Erfinder des ägyptischen Seilspannens bekannt gewesen sein, daß, wenn die Seiten eines Dreiecks sich wie 3 zu 4 zu 5 verhalten, dasselbe rechtwinklig sein muß. Außer dem Zahlentripel 3, 4, 5 ist namentlich noch 5, 12, 13 als ein solches bekannt, das zu einem rechtwinkligen Dreieck führt. Dieses Zahlentripel kommt in einer Aufgabe vor, die in der chinesischen Arithmetik „Kiu tschang" steht. Nach chinesischer Angabe soll der Kiu tschang etwa 2600 vor Christi Geburt von Tsin Kiu Tschau verfaßt sein. Die Aufgabe lautet: „Im Mittelpunkte eines quadratischen Teiches von 10 Fuß Seitenlänge wächst ein Schilf, das sich 1 Fuß hoch über das Wasser erhebt. Als man dasselbe ans Ufer nach der Mitte einer Seite zog, reichte es gerade bis an den Rand des Teiches. Wie tief war der Teich?" Die Antwort ist 12 Fuß, weil die Mitte des Teiches, wo das Schilf sich über das Wasser erhebt, die Wurzel des Schilfs und die Mitte der einen Seite des von dem Teich gebildeten Quadrats die Eckpunkte eines rechtwinkligen Dreiecks sein müssen, dessen Seiten 12 + 1 Fuß, 12 Fuß und die Hälfte von 10 Fuß sind.

Jedes Tripel von positiven ganzen Zahlen, das die Gleichung $x^2 = y^2 + z^2$ erfüllt, nennt man ein pythagoreisches

Tripel, wegen des Zusammenhangs dieser Gleichung mit dem von Pythagoras entdeckten Lehrsatz. Mit dem Aufsuchen solcher pythagoreischen Tripel haben sich schon die griechischen Mathematiker beschäftigt. Es ist möglich, ein Bildungsgesetz zu finden, das mit Sicherheit zu allen denkbaren Tripeln führt. Zunächst ist klar, daß jedes richtige Tripel dadurch unzählig viele neue Tripel hervorruft, daß man jede der 3 Zahlen x, y, z des Tripels mit einer und derselben Zahl multipliziert. So ist 6, 8, 10 oder 9, 12, 15 ein pythagoreisches Tripel, weil 3, 4, 5 eins ist. Deswegen brauchen wir uns nur mit der Aufsuchung solcher Tripel zu beschäftigen, die keinen gemeinsamen Teiler haben. Demgemäß können wir auch voraussetzen, daß keine zwei der drei Zahlen x, y und z einen gemeinsamen Teiler haben; denn hätten sie einen solchen, so müßte ihn auch die dritte haben, was wir aber ausschließen wollten. Pythagoreische Zahlentripel, die keinen gemeinsamen Teiler haben, sollen *„ursprüngliche"* heißen, und solche, die einen gemeinsamen Teiler haben, wollen wir *„abgeleitete"* nennen. Um alle ursprünglichen Tripel zu finden, setzen wir $x = y + a$, oder, da $x^2 = y^2 + 2ay + a^2$ ist,

$$y^2 + 2ay + a^2 = y^2 + z^2$$

oder endlich:

$$\text{I.} \qquad a(2y + a) = z^2.$$

Darin kann a keine gerade Quadratzahl sein, sonst wäre $2y + a$ eine Quadratzahl und, da a gerade wäre, müßte $2y + a$ ebenfalls gerade und als Quadratzahl durch 4 teilbar sein; dies würde jedoch bedingen, daß $2y$ durch 4 teilbar, y daher zugleich mit z gerade wäre, was für ursprüngliche Tripel ausgeschlossen wurde.

Enthält a einen ungeraden Faktor q, der keine Quadratzahl ist, so muß a auch q^2 enthalten. Andernfalls wäre der

Faktor q nämlich auch in $2y + a$ enthalten; dies wiederum würde bedingen, daß q sowohl in y als auch in z enthalten wäre.

Es bleiben daher für a nur zwei Möglichkeiten:

1. a ist eine ungerade Quadratzahl;
2. a ist das Doppelte einer (geraden oder ungeraden) Quadratzahl.

Im ersten Fall setzen wir

$$a = w^2.$$

Dann gilt:

$$\text{II.} \qquad z^2 = w^2 (2y + w^2).$$

Der Klammerausdruck muß dann eine Quadratzahl sein, etwa $2y + w^2 = v^2$;

$$\text{III.} \qquad 2y = v^2 - w^2.$$

Die Differenz $v^2 - w^2$ ist gerade; da w^2 ungerade sein sollte, muß v^2 ebenfalls ungerade sein. Dann sind auch v und w ungerade, ihre Differenz $v - w$ ist also eine gerade Zahl

$$v - w = 2u.$$

Aus II ergibt sich

$$\text{IV.} \qquad z = v \cdot w,$$

aus III erhalten wir:

$$x = y + a = \tfrac{1}{2}v^2 - \tfrac{1}{2}w^2 + w^2,$$

$$\text{V.} \qquad x = \tfrac{1}{2}(v^2 + w^2).$$

Aus IV und V folgt

$$x - z = \tfrac{1}{2}v^2 + \tfrac{1}{2}w^2 - \tfrac{2}{2}vw = \tfrac{1}{2}(v - w)^2,$$

$$x - z = 2u^2.$$

Die Zahl x ist demzufolge als Summe aus z und dem Doppelten einer Quadratzahl darstellbar.

In dem zweiten Fall setzen wir

$$a = 2w^2.$$

Dann ergibt sich

VI. $z^2 = 2w^2(2y + 2w^2) = 4w^2(y + w^2)$

$z^2 = 4w^2v^2$

VII. $y = v^2 - w^2$

VIII. $z = 2vw$

IX. $x = y + a = v^2 + w^2.$

Aus VII und IX folgt, daß v und w nicht beide gerade oder beide ungerade sein können, weil x und y sonst beide gerade wären. Die Differenz $v - w$ ist daher ungerade.

Aus VIII und IX erhalten wir

$$x - z = (v - w)^2.$$

Demzufolge ist x als Summe von z und einer ungeraden Quadratzahl darstellbar.

Beide Fälle laufen daher auf dasselbe hinaus: Stets ist die eine Kathete um das Doppelte einer Quadratzahl kleiner als die Hypotenuse und die andere um eine ungerade Quadratzahl kleiner.

Aus den Gleichungen III, IV und V oder VII, VIII und IX lassen sich durch Einsetzen ganzzahliger Werte für v und w beliebig viele ursprüngliche pythagoreische Tripel berechnen. Damit die Zahlen x, y und z positiv und teilerfremd werden, müssen die Werte für v und w so gewählt werden, daß $v > w$ ist und v und w teilerfremd sind. Benutzt man die Gleichungen III, IV und V, so ist noch zu beachten, daß v und w beide ungerade sein müssen; werden dagegen die Gleichungen VII, VIII und IX benutzt, so dürfen v und w nicht gleichzeitig ungerade oder gleichzeitig gerade sein.

Die Herleitung der Gleichungen zeigt auch, daß nicht nur auf diese Weise pythagoreische Tripel entstehen, sondern daß sogar jedes pythagoreische Zahlentripel durch diese Gleichungen gewonnen werden kann. Wenn wir die Gleichungen VII, VIII und IX benutzen und

$$\begin{Bmatrix} v = 2 \\ w = 1 \end{Bmatrix}, \begin{Bmatrix} v = 3 \\ w = 2 \end{Bmatrix}, \begin{Bmatrix} v = 4 \\ w = 1 \end{Bmatrix}, \begin{Bmatrix} v = 4 \\ w = 3 \end{Bmatrix}, \begin{Bmatrix} v = 5 \\ w = 2 \end{Bmatrix},$$
$$\begin{Bmatrix} v = 5 \\ w = 4 \end{Bmatrix}, \begin{Bmatrix} v = 6 \\ w = 1 \end{Bmatrix}, \begin{Bmatrix} v = 6 \\ w = 5 \end{Bmatrix}$$

usw. der Reihe nach setzen, so erhalten wir ohne Ausnahme alle denkbaren ursprünglichen pythagoreischen Tripel bis zu beliebig großen Zahlen. So sind in der folgenden Tabelle *alle* Tripel berechnet, in denen keine der 3 Zahlen mehr als 2 Ziffern hat:

v =	2	3	4	4	5	5	6	6	7	7	7	8	8	8	9	9
w =	1	2	1	3	2	4	1	5	2	4	6	1	3	5	2	4
x =	5	13	17	25	29	41	37	61	53	65	85	65	73	89	85	97
y =	3	5	15	7	21	9	35	11	45	33	13	63	55	39	77	65
z =	4	12	8	24	20	40	12	60	28	56	84	16	48	80	36	72

Da von den Zahlen v und w immer die eine gerade, die andere ungerade sein muß, damit ein ursprüngliches Tripel entsteht, so muß die gerade Kathetenzahl, die ja gleich $2 \cdot v \cdot w$ ist, immer durch 4 teilbar sein.

Aus den in der obigen Tabelle zusammengestellten ursprünglichen Tripeln ergeben sich nun alle abgeleiteten, wenn man die 3 Zahlen jedes Tripels mit jeder denkbaren Zahl multipliziert. Ferner erhält man alle rationalen Zahlen, die, als Maßzahlen der Seiten eines Dreiecks aufgefaßt, zu rechtwinkligen Dreiecken führen, wenn man die 3 Zahlen jedes Tripels mit jeder denkbaren rationalen Zahl multipliziert. So folgt z. B. aus dem ursprünglichen Tripel 17, 15, 8 durch Multiplikation mit $\frac{5}{4}$ das rationale Tripel:

$$21\tfrac{1}{4},\ 18\tfrac{3}{4},\ 10.$$

Mit den pythagoreischen Zahlentripeln, die zu rechtwinkligen Dreiecken führen, stehen die heronischen Zahlentripel in engem Zusammenhang. Dieselben haben ihren Namen von Hero von Alexandrien, der um 100 nach Christi Geburt lebte, und den man mit Recht den Vater der Feldmesser genannt hat. Diesem Hero ist die wichtige Regel zu verdanken, durch welche man aus den Längen der 3 Seiten eines Dreiecks zu dessen Inhalt gelangen kann. Nach dieser Regel hat man den halben Umfang des Dreiecks, der s heißen möge, um jede der 3 Seiten a, b, c zu vermindern, die erhaltenen 3 Differenzen miteinander und mit s zu multiplizieren und aus dem erhaltenen Produkt von 4 Faktoren die Quadratwurzel auszuziehen. Das dadurch erhaltene Resultat ergibt den Inhalt. Wenn also z. B. die Seiten des Dreiecks 5, 6 und 7 cm lang sind, so ist $s = 9$ cm, $s - a = 4$, $s - b = 3$ und $s - c = 2$. Folglich ist aus $9 \cdot 4 \cdot 3 \cdot 2$ die Quadratwurzel auszuziehen. Dadurch erhält man $6\sqrt{6} = 14{,}697\ldots$ Also ist 14,697 qcm der Inhalt des Dreiecks, dessen Seiten 5, 6 und 7 cm lang sind. In diesem Beispiel war die Quadratwurzel irrational und konnte daher nur näherungsweise durch eine rationale Zahl dargestellt werden. Hero von Alexandrien aber gab ein Beispiel von 3 ganzen Zahlen, bei dem die Quadratwurzel aufgeht, nämlich $a = 13$, $b = 14$, $c = 15$. Dies führt auf $\sqrt{21 \cdot 8 \cdot 7 \cdot 6}$ oder auf 84. Ein Dreieck also, dessen Seitenlängen durch die ganzen Zahlen 13, 14, 15 darstellbar sind, hat einen Inhalt, der durch die ganze Zahl 84 dargestellt wird. Es liegt daher nahe, eine Methode zu ersinnen, durch welche man zu allen möglichen ganzzahligen Tripeln von solcher Beschaffenheit geführt wird, daß 3 solche Zahlen, als Maßzahlen für die Seiten eines Dreiecks aufgefaßt, zu einem Inhalt dieses Dreiecks führen, der auch durch eine ganze Zahl dargestellt wird. Hero zu Ehren wollen wir solche Tripel von ganzen Zahlen heronische Tripel nennen. Um alle denkbaren heronischen Tripel zu finden, nehmen wir zunächst an, daß ein Dreieck 3 rationale Seiten a, b, c und einen Inhalt I habe, der bei Zugrundelegung einer geeigneten Maßeinheit durch rationale Zahlen ausdrückbar sei. Dann müssen auch alle Höhen h durch rationale Zahlen darstellbar sein, weil jede Höhe gleich dem Quotienten des doppelten Inhalts und einer Seite ist. Außerdem müssen auch alle Projektionen rational sein, weil sich dieselben nach dem verallgemeinerten pythagoreischen Lehrsatz rational durch die Seiten ausdrücken lassen; z. B. ist die Projektion der Seite b auf die Seite a gleich

$$\frac{b^2 + a^2 - c^2}{2 \cdot a}.$$

Hieraus folgt aber, daß jedes Dreieck, dessen Seiten und dessen Inhalt durch rationale Zahlen ausdrückbar sind, durch jede Höhe in 2 rechtwinklige Dreiecke zerlegt wird, deren Seiten auch durch rationale Zahlen darzustellen sind. Folglich muß man zu jedem möglichen Dreieck mit rationalen Seiten und rationalem Inhalt dadurch gelangen, daß man auf alle mögliche Weise 2 rechtwinklige Dreiecke zusammensetzt, deren Seiten rational sind. Aus jedem durch die Seiten eines solchen Dreiecks gelieferten Tripel erhält man dann durch geeignete Multiplikation ein heronisches Tripel. Auf diese Weise kann man also aus je zwei pythagoreischen Tripeln auf mehrfache Weise zu einem heronischen Tripel gelangen. So entsteht das oben erwähnte Beispiel des Hero von Alexandrien

13, 14, 15

dadurch, daß man die beiden pythagoreischen Tripel 13, 12, 5 und 5, 4, 3 zusammensetzt. Man denke sich 13 als Seite, 12 als Höhe, 5 als Projektion. Da beide rechtwinklige Dreiecke die eine Kathete, die die Höhe werden soll, gemeinsam haben müssen, so hat man 4, 5, 3 mit 3 zu erweitern, was auf 15, 12, 9 führt. Setzt man nun zusammen, so erhält man zwei Seiten des gesuchten Dreiecks aus den Hypotenusen 13 und 15, die dritte Seite als Summe von 5 und 9, wie folgende Figur zeigt:

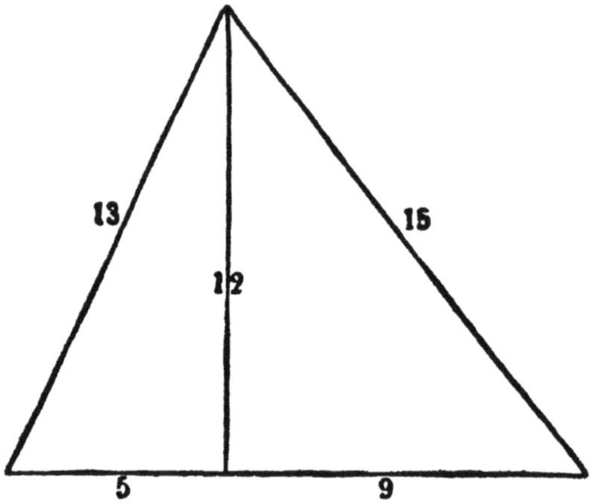

Hier erscheint das entstandene Dreieck als Summe der beiden rechtwinkligen Dreiecke, die es erzeugen. Es kann jedoch auch immer als Differenz erscheinen. Dann sind 13, 15 und $9 - 5 = 4$ die Zahlen des entstandenen heronischen Tripels. In der Tat geht auch hier die Quadratwurzel auf. Denn sie wäre zu ziehen aus dem Produkt $s(s-a)(s-b)(s-c) = 16 \cdot 3 \cdot 1 \cdot 12 = 4^2 \cdot 6^2$. Der Inhalt würde also 24, was auch aus $J = \frac{4 \cdot 12}{2}$ hervorgeht.

Um zu zeigen, wie aus denselben beiden pythagoreischen Tripeln mehrere heronische Tripel entstehen können, betrachten wir 5, 3, 4 und 17, 15, 8. Aus 5, 3, 4 folgt 25, 15, 20. Daher erhalten wir das Tripel 17, 25, 28. Wenn wir aber mit 2 statt 5 erweitern, also 10, 6, 8 erhalten und mit 17, 15, 8 zusammensetzen, erhalten wir 10, 17, 21. Die beiden pythagoreischen Tripel 5, 3, 4 und 17, 15, 8 führen ferner durch

Vermittlung von 40, 24, 32 und 51, 45, 24 zu dem heronischen Tripel 40, 51, 77. Endlich gelangt man noch durch Vermittlung von 75, 45, 60 und 68, 60, 32 zu 75, 68, 77. Man erkennt leicht, daß man von je 2 pythagoreischen Tripeln in dieser Weise immer zu 4 heronischen Tripeln gelangt. Nimmt man z. B. 29, 21, 20 und 41, 9, 40 als Ausgangstripel, so sind die daraus entstehenden heronischen Tripel die folgenden:

1. 58, 41, 51; 2. 87, 287, 340; 3. 1160, 861, 989;
4. 261, 820, 989.

Dazu gesellen sich noch die 4 Tripel, bei denen die beiden nicht gleichgemachten Kathetenzahlen subtrahiert statt addiert werden.

Eine besondere Art von heronischen Tripeln sind diejenigen, bei denen 2 Zahlen gleich sind. Dieselben entstehen durch Zusammensetzung eines pythagoreischen Tripels mit sich selbst, und zwar erzeugt jedes pythagoreische Tripel 2 von solchen speziellen heronischen. Z. B.:

5, 3, 4 führt zu 5, 5, 6 und 5, 5, 8;
13, 5, 12 führt zu 13, 13, 10 und 13, 13, 24;
17, 15, 8 führt zu 17, 17, 30 und 17, 17, 16;
usw.

§ 19

ERSCHWERTE TEILUNG

Vielfach begegnet man in den Unterhaltungszeitschriften Aufgaben, welche verlangen, eine Teilung unter besonderen erschwerenden Bedingungen vorzunehmen. Diese Aufgaben sind größtenteils Varianten von Aufgaben, welche schon von Bachet in seinen „Problèmes plaisans et délectables" aufgestellt und gelöst sind. Eine derselben lautet z. B.: „3 Personen haben sich 21 gleich große Fässer zu teilen, von denen 7 voll Wein, 7 halbvoll und 7 leer sind. Die Teilung ist so zu bewerkstelligen, daß jede Person sowohl gleichviel Fässer als auch gleichviel Wein erhält." Man findet leicht 2 Lösungen des Problems. Bezeichnet man die 3 Personen mit A, B, C, 1 volles Faß mit (1), 1 halbvolles mit $(\frac{1}{2})$ und 1 leeres mit (0), so läßt sich die erste Lösung kurz so angeben:

$$A: 1 \cdot (1) + 5 \cdot (\tfrac{1}{2}) + 1 \cdot (0);$$
$$B: 3 \cdot (1) + 1 \cdot (\tfrac{1}{2}) + 3 \cdot (0);$$
$$C: 3 \cdot (1) + 1 \cdot (\tfrac{1}{2}) + 3 \cdot (0).$$

Die zweite Lösung läßt sich so schreiben:

$$A: 2 \cdot (1) + 3 \cdot (\tfrac{1}{2}) + 2 \cdot (0);$$
$$B: 2 \cdot (1) + 3 \cdot (\tfrac{1}{2}) + 2 \cdot (0);$$
$$C: 3 \cdot (1) + 1 \cdot (\tfrac{1}{2}) + 3 \cdot (0).$$

Wenn man bei der obigen Aufgabe 9 statt 7 setzt und die sonstigen Bedingungen beibehält, also verlangt, daß jede von 3 Personen gleichviel Fässer und gleichviel Wein erhält, so ergeben sich 3 Lösungen, die der Leser leicht finden wird.

Schwieriger werden solche Verteilungsaufgaben, wenn die Zahlen für die leeren, halbvollen und vollen Fässer nicht gleich sind. Beispielsweise nimmt Herr Labosne, der Herausgeber der vierten Auflage von Bachets „Problèmes", 24 Fässer an, von denen 5 voll, 8 leer und 11 halbvoll sind. In diesem Falle ergeben sich 3 Lösungen, nämlich:

$$\begin{aligned}
\text{I.}\quad & A: 0\cdot(1) + 7\cdot(\tfrac{1}{2}) + 1\cdot(0);\\
& B: 2\cdot(1) + 3\cdot(\tfrac{1}{2}) + 3\cdot(0);\\
& C: 3\cdot(1) + 1\cdot(\tfrac{1}{2}) + 4\cdot(0).\\
\text{II.}\quad & A: 1\cdot(1) + 5\cdot(\tfrac{1}{2}) + 2\cdot(0);\\
& B: 2\cdot(1) + 3\cdot(\tfrac{1}{2}) + 3\cdot(0);\\
& C: 2\cdot(1) + 3\cdot(\tfrac{1}{2}) + 3\cdot(0).\\
\text{III.}\quad & A: 1\cdot(1) + 5\cdot(\tfrac{1}{2}) + 2\cdot(0);\\
& B: 1\cdot(1) + 5\cdot(\tfrac{1}{2}) + 2\cdot(0);\\
& C: 3\cdot(1) + 1\cdot(\tfrac{1}{2}) + 4\cdot(0).
\end{aligned}$$

Zu den Aufgaben der erschwerten Teilung gehören auch die sehr verbreiteten Erbteilungsaufgaben, von denen hier folgende behandelt werden soll: Ein Vater hinterläßt ein Testament, in dem festgesetzt ist, daß sein Vermögen unter seine 7 Kinder in folgender Weise verteilt werden soll. Das älteste Kind soll 100 Mark und den achten Teil des dann verbleibenden Restes erhalten. Dem zweiten Kinde soll darauf 200 Mark und der achte Teil des bleibenden Restes ausgezahlt werden, usw. bis zum siebenten Kinde, das 700 Mark und den achten Teil des dann noch gebliebenen Restes erhalten soll. Auf diese Weise kam es, daß jedes der 7 Kinder gleich viel erhielt. Gefragt wird, wie groß das Vermögen beim Tode des Vaters war. Es ergeben sich 4900 Mark. Man findet dieses Resultat, indem man die gesuchte Zahl x nennt und durch die Bedingung der Gleichheit aller Teile zu einer x enthaltenden Gleichung gelangt, die man dann für x zu lösen hat. Daß die Lösung 4900 ergeben muß, erkennt man aus der folgenden Probe:

$$1.\ 100 + \frac{4800}{8} = 700;$$

$$2.\ 200 + \frac{4000}{8} = 700;$$

$$3.\ 300 + \frac{3200}{8} = 700;$$

. . . .

$$7.\ 700 + \frac{0}{8} = 700.$$

Bei einer anderen Art von Erbteilungsproblemen, die schon aus der römischen Kaiserzeit stammt, liegt die Erschwerung darin, daß ein Mann hofft, Vater zu werden, aber schon vor der Geburt seines Kindes lebensgefährlich erkrankt und deshalb eine testamentarische Bestimmung darüber trifft, wieviel von seinem Vermögen die Mutter und wieviel das erwartete Kind erhalten soll, je nachdem dasselbe männlich oder weiblich sein würde. Beispielsweise sollte die Mutter 4 Teile und das Kind, wenn es männlich sein würde, 5 Teile des Vermögens erhalten; wenn jedoch eine Tochter geboren werden sollte, sollte die Mutter 3, die Tochter 2 Teile erhalten. Nun aber wird ein Zwillingspaar geboren, nämlich ein Sohn und eine Tochter. Die Frage entsteht nun, wie das Vermögen zu verteilen ist. Wenn man bei der testamentarischen Bestimmung als das Wesentliche das Verhältnis des Anteils m der Mutter zum Anteil s des Sohnes und zum Anteil t der Tochter auffaßt, so hat man, um die Frage zu beantworten, die beiden Proportionen:

$$m : s = 4 : 5$$
$$m : t = 3 : 2$$

in eine einzige Proportion zu verschmelzen, wobei sich ergibt:

$$m : s : t = 12 : 15 : 8.$$

Betrug also das Vermögen etwa 35000 Mark, so hatte die Mutter 12000 Mark, der Sohn 15000 Mark, die Tochter 8000 Mark zu erhalten. Dies ist die gewöhnlich gegebene Lösung des Problems. Sie ist jedoch sehr zu Ungunsten der Mutter. Wenn man nämlich aus der testamentarischen Bestimmung als letzten Willen des Erblassers herausliest, daß die Mutter $\frac{4}{9}$ bzw. $\frac{3}{5}$ des Vermögens erhalten soll, je nachdem ein Sohn oder eine Tochter geboren würde, so kann man daraus schließen, daß der Mutter mindestens $\frac{4}{9}$ zugedacht war. Dann müßte sie aber $15555\frac{5}{9}$ Mark erhalten. Folglich blieben zur Verteilung an das Zwillingspaar $19444\frac{4}{9}$ Mark übrig.

Nach dem Willen des Erblassers soll der Sohn $\frac{5}{4}$ des Anteils der Mutter, die Tochter $\frac{2}{3}$ des Anteils der Mutter bekommen, so daß das Verhältnis ihrer Anteile gleich $\frac{5}{4} : \frac{2}{3}$, d. h. $15 : 8$ ist. Hiernach ist die nach Abzug des Anteils der Mutter übrigbleibende Geldsumme von $19444\frac{4}{9}$ Mark im Verhältnis 15 zu 8 zu teilen, d. h. es müßte der Sohn $12681\frac{33}{207}$ Mark, die Tochter $6763\frac{59}{207}$ Mark erhalten. Man sieht aus der Möglichkeit von zwei Lösungen des Problems, daß die testamentarische Bestimmung des Erblassers nicht genau genug gefaßt war, indem dieselbe zwei verschiedene Auffassungen des letzten Willens zuließ.

Mathematisch interessanter sind diejenigen Verteilungsaufgaben, welche sich auf zwei Spieler beziehen, die, infolge eines am Weiterspiel hindernden Ereignisses, gezwungen sind, ihre Spielserie zu unterbrechen, und deshalb Veranlassung nehmen, das eingezahlte Geld nach Maßgabe der Zahl der von jedem gewonnenen Spiele unter sich zu verteilen. Diese Aufgaben sind es gewesen, welche um 1650 Pascal und Fermat anregten, ein neues Gebiet der Mathematik zu schaffen, nämlich die jetzt in vielen Teilen der Mathematik und der Physik so bedeutend gewordene *Wahrscheinlichkeitsrechnung*. Wir beginnen mit einem einfachen Beispiele. 2 Spieler A und B spielen mit gleicher Geschicklichkeit irgendein auch vom Zufall abhängiges Spiel, so daß die Annahme berechtigt ist, daß die Wahrscheinlichkeit, das Spiel zu gewinnen, für beide gleich, also für jeden $\frac{1}{2}$ ist. Beide haben gleichviel Geld eingesetzt. Sie verabreden dann, daß den ganzen Einsatz derjenige erhalten soll, der zuerst 5 Spiele gewonnen hat. Nachdem aber A 4 Spiele, B 3 Spiele gewonnen hat, tritt ein Ereignis ein, das die Spielserie notwendigerweise unterbricht. Die Frage entsteht nun, in welchem Verhältnis der Einsatz zu verteilen ist. Die Antwort lautet, daß A $\frac{3}{4}$ des Einsatzes, B $\frac{1}{4}$ desselben zukommt. Die Begründung ist folgende. Der Spieler B würde nur in dem Falle die Spielserie gewinnen, wenn er die beiden folgenden Spiele, also das achte und neunte gewänne. Dafür ist aber die Wahrscheinlichkeit gleich $\frac{1}{2}$ mal $\frac{1}{2}$ gleich $\frac{1}{4}$. Hieraus allein würde schon die mitgeteilte Antwort sich ergeben. Zur Bestätigung wollen wir jedoch auch für den Spieler A die Wahrscheinlichkeit berechnen, die Spielserie zu gewinnen. A würde dieselbe in zwei Fällen gewinnen, erstens, wenn er das achte Spiel gewinnt, zweitens, wenn zwar das achte Spiel von B, das neunte aber von A gewonnen wird, woraus sich für A die Wahrscheinlichkeit

$$\frac{1}{2} + \frac{1}{2} \cdot \frac{1}{2} = \frac{3}{4}$$

ergibt. Etwas schwieriger werden solche Aufgaben, wenn der Überschuß der verabredeten Anzahl der zu gewinnenden Spiele über die von A und von B vor Eintritt des Zwischenfalls wirklich gewonnenen Spiele größer wird. Es wird genügen, wenn wir als zweites Beispiel annehmen, daß wiederum verabredet ist, die Spielserie sei von dem gewonnen, der 5 Spiele gewonnen hat, und vor Eintritt des Zwischenfalls habe A

3 Spiele, B 1 Spiel gewonnen. Um bei diesem neuen Beispiel die für jeden der beiden Mitspieler günstigen Fälle recht deutlich uns vors Auge zu führen, bezeichnen wir mit a den Fall, daß A ein Spiel gewinnt, mit b den Fall, daß es B gewinnt, und setzen dann die Buchstaben b und a der Reihe nach zusammen, so daß z. B. das Symbol

a b b a

bedeuten soll, daß das nächste, also fünfte Spiel von A, das sechste und siebente von B, das achte von A gewonnen werde. Hiernach kann man die für A und die für B günstigen Fälle in folgender Weise schreiben:

Für A:	Für B:
1. a a	1. b b b b
2. a b a	2. b b b a b
3. a b b a	3. b b a b b
4. a b b b a	4. b a b b b
5. b a a	5. a b b b b
6. b a b a	
7. b a b b a	
8. b b a a	
9. b b a b a	
10. b b b a a	

Daraus ergibt sich für A die Wahrscheinlichkeit:

$$\frac{1}{4}+\frac{1}{8}+\frac{1}{16}+\frac{1}{32}+\frac{1}{8}+\frac{1}{16}+\frac{1}{32}+\frac{1}{16}+\frac{1}{32}+\frac{1}{32}$$

oder $\frac{26}{32} = \frac{13}{16}$.

Für B ergibt sich:

$$\frac{1}{16}+\frac{1}{32}+\frac{1}{32}+\frac{1}{32}+\frac{1}{32}$$

oder $\frac{6}{32} = \frac{3}{16}$. Die Tatsache, daß die gefundenen Wahrscheinlichkeitsbrüche $\frac{13}{16}$ und $\frac{3}{16}$ zusammen die Zahl 1 ergeben, liefert eine Bestätigung der Rechnung. Bei diesem Beispiel würde also der Einsatz so zu verteilen sein, daß A $\frac{13}{16}$ und B nur $\frac{3}{16}$ desselben bekommt.

Die allgemeine Fassung dieser Verteilungsaufgaben in der Weise, daß γ Spiele verabredet sind, von denen A schon α, B schon β gewonnen hat, daß A mit der Wahrscheinlichkeit p, B mit der Wahrscheinlichkeit 1 — p ein Spiel gewinnt, läßt sich mathematisch zwar vollkommen erledigen; jedoch würde die Mitteilung des ganz allgemeinen Resultats hier als zu kompliziert erscheinen.

§ 20

TRUGSCHLÜSSE

Gleiches mit Gleichem verknüpft gibt Gleiches, wenn die Verknüpfung durch die drei Rechnungsarten Addition, Subtraktion und Multiplikation geschieht. Wenn aber die Verknüpfung durch Division geschieht, so ergibt sich mit Notwendigkeit nur dann Gleiches, *wenn die Divisoren von Null verschieden* sind. Durch Nichtbeachtung der Bedingung, daß die Divisoren von Null verschieden sein müssen, ergeben sich Trugschlüsse, welche oft benutzt werden, um Scheinbeweise dafür zu liefern, daß 2 ungleiche Zahlen gleich seien, z. B. daß $5 = 7$ sei. Um Personen, die in der Arithmetik nicht hinreichend geschult sind, aufs Glatteis zu führen, muß man bei Vorführung solcher Scheinbeweise das Dividieren durch eine Zahl, die den Wert 0 hat, möglichst zu verdecken suchen. Wie dies geschehen kann, zeigt folgendes Beispiel:

Das $1\frac{1}{2}$-fache von b heiße a. Also $a = \frac{3}{2}b$, woraus durch Multiplikation mit 4 folgt:

$$4a = 6b,$$

oder, was dasselbe ist:

$$14a - 10a = 21b - 15b,$$

woraus durch Umformen folgt:

$$15b - 10a = 21b - 14a.$$

Klammert man nun links 5, rechts 7 aus, so erhält man:

$$5\,(3b-2a) = 7\,(3b-2a).$$

Dividiert man diese Gleichung durch $3b-2a$, so erhält man $5 = 7$.

Eine zweite Art von Trugschlüssen beruht auf der Doppeldeutigkeit der Quadratwurzelausziehung. Wenn $x^2 = y^2$ ist, so folgt nicht mit Sicherheit, daß $x = y$ ist, sondern daß $x = +y$ oder aber $x = -y$ ist. Was von beiden richtig ist, kann oft aus dem Zusammenhang, nicht aber ohne weiteres bestimmt werden. Wenn man z. B. $a^2 - 2a\,b + b^2 = b^2 - 2ab + a^2$ setzt, was unzweifelhaft richtig ist, da nur die Reihenfolge der Glieder geändert ist, so darf hieraus nicht geschlossen werden, daß $a - b = b - a$ sei, was ja zur Folge hätte, daß $a = b$ sein müßte. Wohl aber kann man schließen, das $a - b = +(b - a)$ oder $= -(b - a)$ sein muß, und bei diesem Beispiel ist nur $-(b - a) = a - b$ richtig. Auf dem hiermit gekennzeichneten Trugschluß beruht z. B. der folgende Beweis, daß $9 = 5$ sei. Es ist jedenfalls:

$$9 + 5 = 2 \cdot 7,$$

also auch, da man mit $9 - 5$ beiderseits multiplizieren darf,

$$9^2 - 5^2 = 2 \cdot 7 \cdot 9 - 2 \cdot 7 \cdot 5,$$

woraus folgt:

$$9^2 - 2 \cdot 9 \cdot 7 = 5^2 - 2 \cdot 5 \cdot 7.$$

Man addiere nun beiderseits 7^2. Dann ergibt sich:

$$9^2 - 2 \cdot 9 \cdot 7 + 7^2 = 5^2 - 2 \cdot 5 \cdot 7 + 7^2.$$

Wenn man nun hieraus durch beiderseitiges Quadratwurzelausziehen den (falschen) Schluß zieht:

$$9 - 7 = 5 - 7$$

und dann rechts und links 7 addiert, so erhält man $9 = 5$.

Drittens kann man auch durch eine geometrische Täuschung „beweisen", daß 2 ungleiche Zahlen gleich seien. Am meisten verbreitet ist der folgende Scheinbeweis, daß $64 = 65$ sei. Man zerlege 1 Quadrat von $8 \cdot 8$ kongruenten quadratischen Feldern, so wie die folgende Figur zeigt:

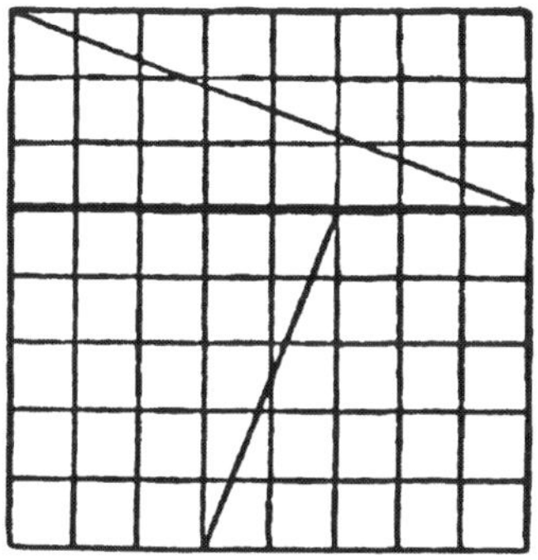

Dadurch entstehen 2 kongruente rechtwinklige Dreiecke, deren Katheten 3 und 8 kleine Quadratseiten enthalten, sowie 2 kongruente Trapeze, von denen 3 Seiten 5, 5 und 3 Quadratseiten enthalten und 2 rechte Winkel einschließen. Man kann demnach jedes rechtwinklige Dreieck mit einem Trapeze zu einem neuen großen rechtwinkligen Dreieck zusammensetzen, dessen Katheten 5 und $5 + 8$ Quadratseiten enthalten. So entstehen 2 derartige große rechtwinklige Dreiecke, die sich zu einem Rechteck mit den Seiten 5 und 13 zusammensetzen lassen, wie folgende Figur zeigt:

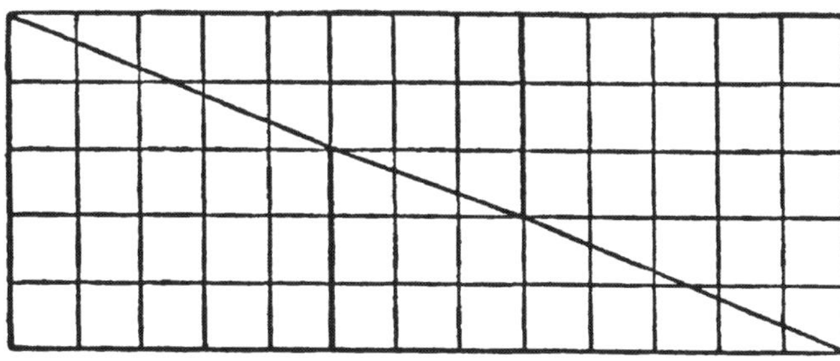

Die ursprünglichen 64 Quadrate sind also hier zu 65 ebenso großen Quadraten geworden, woraus folgt, daß 64 = 65 ist. Die Täuschung beruht hier darauf, daß man in der zweiten Figur die 2 entgegengesetzte Ecken verbindende Linie für eine ungebrochene gerade Linie hält. Sie kann jedoch nicht ungebrochen sein, weil sonst nach dem Strahlensatz 3 : 5 wie 8 : 13 sein müßte, was nicht richtig ist, da $\frac{3}{5} = \frac{39}{65}$ und $\frac{8}{13} = \frac{40}{65}$ ist. Dadurch kommt es, daß die beiden entgegengesetzten Ecken mit den beiden Eckpunkten, die scheinbar auf ihrer Verbindungslinie liegen, ein Parallelogramm bilden, das sehr langgestreckt ist, und dessen Inhalt gerade die Größe eines quadratischen Feldes hat.

Wie eben das Quadrat behandelt wurde, das aus 8 · 8 quadratischen Feldern besteht, so läßt sich auch jedes Quadrat behandeln, das aus n · n solchen Feldern besteht, wenn n eine der Zahlen

1, 2, 3, 5, 8, 13, 21, 34, 55, 89, . . .

ist. Diese Zahlenfolge entsteht, wenn man, von 1 und 2 ausgehend, jede folgende Zahl gleich der Summe der beiden vorhergehenden setzt. Diese Zahlen sind die Zähler und Nenner der Näherungswerte des periodischen Kettenbruchs, dessen Periode 1 ist, und der das irrationale Verhältnis des goldenen Schnitts darstellt. Die beiden einer dieser Zahlen vorangehenden Zahlen geben an, in welchem Verhältnis das Quadrat geteilt werden muß. Dies war bei 8 · 8 das Verhältnis 3 : 5. Bei 13 · 13 Feldern müßte man im Verhältnis 5 : 8 teilen und würde auf ganz analoge Weise, wie oben 64 = 65 „bewiesen" wurde, 169 = 168 „beweisen" können. Dann käme 21 · 21 = 13 · 34, usw. Immer zeigt sich, daß die Strecke, die der Getäuschte für eine gerade Linie hält, ein langgestrecktes Parallelogramm ist, das den Inhalt eines quadratischen Feldes hat, und um das der Inhalt des entstandenen Rechtecks zu vermindern oder zu vermehren ist, um den Inhalt des ursprünglichen Quadrats zu ergeben.

Zu ähnlichen geometrischen Täuschungen kann man gelangen, wenn man von zwei beliebigen aufeinanderfolgenden Näherungswerten eines Kettenbruchs ausgeht. Wenn nämlich $\frac{a}{b}$ und $\frac{c}{d}$ aufeinanderfolgende Näherungswerte eines Kettenbruchs sind, so unterscheiden sich die Produkte $a \cdot d$ und $b \cdot c$ nur um 1. So sind z. B. $\frac{7}{24}$ und $\frac{9}{31}$ aufeinanderfolgende Näherungswerte, die zu einem Scheinbeweise dafür, daß $216 = 217$ sei, Veranlassung geben können. Man geht von einem Rechteck mit $9 \cdot 24$ quadratischen Feldern aus und zerlegt dasselbe so, wie die folgende Figur zeigt:

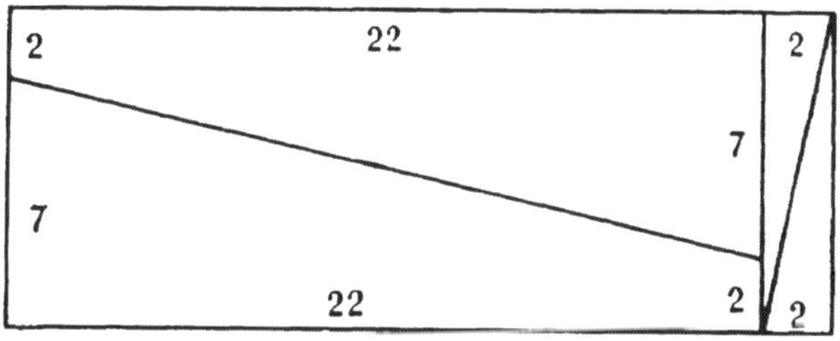

Die vier Teile lassen sich dann scheinbar zu dem folgenden Rechteck zusammensetzen:

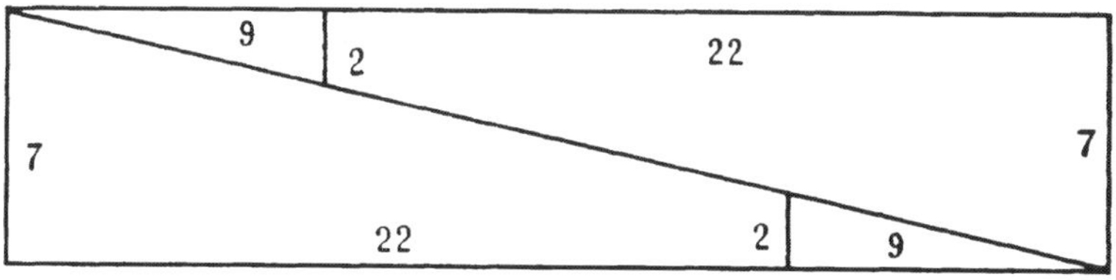

So scheint es, als ob $9 \cdot 24$ oder 216 quadratische Felder denselben Inhalt hätten wie $7 \cdot 31$ oder 217 ebenso große quadratische Felder.

Eine vierte Art von Trugschlüssen beruht darauf, daß man eine Summe von unendlich vielen Zahlen für unendlich groß hält. Allerdings ist eine Summe von unendlich vielen positiven ganzen Zahlen unendlich groß, d. h. bei hinreichend fortgesetzter Addition kann man es erreichen, daß die Summe größer wird als jede gewünschte noch so große Zahl. Auch eine Summe von lauter Brüchen, die sämtlich kleiner als 1 sind, und von denen jeder folgende kleiner als der vorhergehende ist, kann unendlich groß werden, wie z. B.

$$\tfrac{1}{2} + \tfrac{1}{3} + \tfrac{1}{4} + \tfrac{1}{5} + \tfrac{1}{6} + \tfrac{1}{7} + \cdots$$

Daß diese Summe der reziproken Werte aller ganzen Zahlen von 2 an aufwärts größer als jede gewünschte Zahl wird, wenn man nur die Summierung hinreichend weit fortsetzt, kann auf folgende Weise erkannt werden. Man schließe $\frac{1}{2}$, dann $\frac{1}{3} + \frac{1}{4}$, dann $\frac{1}{5} + \frac{1}{6} + \frac{1}{7} + \frac{1}{8}$, dann die Summe von $\frac{1}{9}$ bis $\frac{1}{16}$ usw. in eine Klammer ein. Dann ist die Zahl in der ersten Klammer gleich $\frac{1}{2}$, der Wert der Summe in der zweiten Klammer größer als $\frac{1}{2}$, weil $\frac{1}{3} > \frac{1}{4}$ ist, der Wert der Summe in der dritten Klammer größer als $\frac{1}{2}$, weil $\frac{1}{5} > \frac{1}{8}$, $\frac{1}{6} > \frac{1}{8}$, $\frac{1}{7} > \frac{1}{8}$ ist, usw. So erhält man, daß die Summe aller Brüche in den ersten a Klammern größer als $\frac{1}{2} \cdot a$ sein muß. Will man also, daß die Summe größer werden soll als die beliebig groß angenommene Zahl b, so hat man nur 2mal b Klammern zur Addition zu verwenden, d. h. man hat die Summation der Brüche $\frac{1}{2}$, $\frac{1}{3}$, $\frac{1}{4}$, $\frac{1}{5}$ usw. bis zum Bruche $\dfrac{1}{2^{2b}}$ fortzusetzen. Dann kann man sicher sein, eine Summe zu erhalten, die noch größer als b ist.

Wenn man aber die Brüche addieren soll, von denen jeder der c-te Teil des vorhergehenden ist, so bleibt man bei fortgesetzter Addition immer unterhalb einer gewissen angebbaren Grenze, die man nie überschreiten kann, wieweit man auch die Summation fortsetzen mag, obwohl man dieser Summe sich fortgesetzt nähert. Ein bekanntes Beispiel bietet die Reihe:

$$1 + \frac{1}{2} + \frac{1}{4} + \frac{1}{8} + \frac{1}{16} + \frac{1}{32} + \cdots$$

Nimmt man nur 3 Glieder zur Addition, so erhält man $1\frac{3}{4}$. Fügt man dann noch immer 1 Glied hinzu, so erhält man $1\frac{7}{8}$, $1\frac{15}{16}$, $1\frac{31}{32}$, $1\frac{63}{64}$ usw. Man erkennt leicht, daß die erhaltenen Summen die Zahl 2 als Grenze haben, d. h., daß sie zwar immer kleiner als 2 bleiben, aber doch sich der Zahl 2 immer mehr nähern. Dieses Beispiel lehrt also, daß die Summe von unzählig vielen Brüchen nicht unendlich groß zu sein braucht, sondern auch einer angebbaren *endlichen* Zahl, in unserem Beispiel der Zahl 2, unendlich nahe kommen kann. Auf Nichtbeachtung dieser Wahrheit beruht auch der Trugschluß des Zenon von Elea*) (Aristoteles, Physica, liber VI, Kapitel 9), der so ausgesprochen werden kann: Achilleus verfolgte eine Schildkröte, die ihm ein Stadium voraus war, mit einer Geschwindigkeit, die zehnmal so groß ist wie die der Schildkröte. Zenon behauptet: Achilleus wird die Schildkröte nie einholen. Denn während er das erste Stadium durchläuft, legt die Schildkröte $\frac{1}{10}$ des zweiten Stadiums zurück; und während er dieses durchläuft, ist die Schildkröte um $\frac{1}{100}$ Stadium weitergekrochen. Derweil Achilleus auch diese Strecke zurücklegt, bewegt sich das Tier um $\frac{1}{1000}$ Stadium vorwärts usw. Man erkennt, daß der Weg des Achilleus aus einer Summe von unzählig vielen Wegen besteht, von denen jedoch jeder der zehnte Teil des vorhergehenden ist. Eine solche Summe ist aber eine endliche. Achilleus durchläuft nämlich nicht mehr Stadien, als die Summe

$$1 + \frac{1}{10} + \frac{1}{100} + \frac{1}{1000} + \cdots$$

*) Vgl. § 32, S. 267 u. S. 268.

angibt; und dies ist $1\frac{1}{9}$ Stadium. Ebenso ergibt sich, daß der Weg der Schildkröte

$$\tfrac{1}{10} + \tfrac{1}{100} + \tfrac{1}{1000} + \cdots = \tfrac{1}{10} \cdot \frac{1}{1-\frac{1}{10}}$$

also $\frac{1}{9}$ Stadium beträgt. Auch die Zeit, die Achilleus zum Einholen braucht, ergibt sich als eine Summe von unzählig vielen Zeiträumen, von denen jeder der zehnte Teil des vorhergehenden ist. Betrachtet man nämlich die Zeit, die Achilleus zum Durchlaufen des ersten Stadiums gebraucht, als Zeiteinheit, so verbraucht er sowohl wie die Schildkröte so viel Zeiteinheiten, wie die folgende Summe

$$1 + \tfrac{1}{10} + \tfrac{1}{100} + \tfrac{1}{1000} + \cdots$$

angibt, und dies ist $1\frac{1}{9}$.

§ 21

FÜNFZEHN SEELEUTE UND FÜNFZEHN PASSAGIERE

Auf einem Schiff befanden sich 15 Seeleute und 15 Passagiere. Als bei einem furchtbaren Sturm das Schiff unterzugehen drohte, erklärte der Kapitän, der Platz im Rettungsboot reiche nur für 15 der 30 Anwesenden. Man kam überein, die Auswahl folgendermaßen vorzunehmen: Alle 30 Personen sollten sich im Kreis aufstellen, dann sollte wiederholt von 1 bis 9 gezählt werden. Jeweils derjenige, auf den die Zahl 9 fiele, sollte in das Rettungsboot steigen; die 15 Übrigbleibenden könnten versuchen, die Fahrt mit dem Schiff fortzusetzen. Welche Plätze mußten die 15 Passagiere einnehmen, um zu erreichen, daß sie in das Rettungsboot kamen und gerade die 15 Seeleute zurückzubleiben hätten?

Dieses Problem findet sich bei Bachet in der 2. Auflage seiner „Problèmes plaisans" (Lyon 1624), freilich in der grausameren Form, daß 15 Christen die mitreisenden 15 Türken über Bord werfen sollten.

Die Lösung kann man durch Probieren leicht finden. Wir zählen 30 leere Felder durch und markieren jeweils das neunte durch ein P. Beim Weiterzählen ist nur darauf zu achten, daß die markierten Felder übersprungen werden. Die verbleibenden 15 Felder markieren wir durch ein S.

S	S	S	S	P	P	P	P	P	S
S	P	S	S	S	P	S	P	P	S
S	P	P	P	S	P	P	S	S	P

Es müssen daher aufeinander folgen: 4 Seeleute, 5 Passagiere, 2 Seeleute, 1 Passagier, 3 Seeleute, 1 Passagier, 1 Seemann, 2 Passagiere, 2 Seeleute, 3 Passagiere, 1 Seemann, 2 Passagiere, 2 Seeleute, 1 Passagier.

Bachet fügte dieser Lösung auch ein mnemotechnisches Hilfsmittel bei, nämlich den Vers:

Mort, tu ne failliras pas,
En me livrant le trépas!

Achtet man nur auf die Vokale dieses Verses, so hat man die Reihenfolge o, u, e, a, i, a, a, e, e, i, a, e, e, a, wo man für a als den ersten Vokal des Alphabets 1, für e 2, für i 3, für o 4, für u 5 zu setzen hat, um zu erkennen, wieviel Seeleute und Passagiere immer abwechseln müssen. Ozanam gab einen lateinischen Vers, der in derselben Weise die Lösung kennzeichnet, nämlich:

„Populeam virgam mater regina ferebat."

Ball gab in seinen „Recreations" den folgenden englischen Merkvers für die Lösung des Problems:

„From numbers' aid and art
Never will fame depart!"

Ein deutscher Merkvers lautet:

„Gott schlug den Mann in Amalek,
Den Israel bezwang!"

Tartaglia teilte bei seiner Erörterung des Problems auch die Lösungen der Aufgaben mit, die entstehen, wenn man irgendeine der 10 Zahlen von 3 bis 12 statt 9 einsetzt, und zwar gab er jede der 10 Lösungen durch einen italienischen Vers wieder, der, wie die obigen Verse, durch die Nummern der darin auftretenden Vokale die zu bildende Reihenfolge liefert.

Im Laufe der Zeit hat das Problem manche das Wesen der Sache nicht ändernde Varianten erfahren. In Freunds Rätselschatz (Reclam 1885) sind zwei Varianten aufgeführt. Erstens sind an die Stelle der 30 Schiffbrüchigen 30 Deserteure getreten, von denen 15 erschossen und 15 begnadigt werden sollen. Zweitens sind an die Stelle der 15 Passagiere und 15 Seeleute 16 Weiße und 16 Neger getreten, die auch zusammen Schiffbruch erlitten haben, und von denen die 16 Neger dadurch ausgewählt werden, daß nicht jedesmal der Neunte, sondern jeweils der Zehnte abgezählt wird. Faßt man als das Wesentliche des Problems nur dies auf, daß n Personen so anzuordnen sind, daß bei Ausscheiden immer desjenigen, der beim Abzählen als d-ter erscheint, gewisse im voraus bezeichnete Personen übrigbleiben, so läßt sich das Problem noch vor Tartaglia weiter zurückverfolgen. Es kommt nämlich dann schon in der Schrift des Hegesippus „De bello Judaico" vor, und zwar im 16.—18. Kapitel des dritten Buches. Dort wird nämlich erzählt, daß nach der Zerstörung Jerusalems der jüdische Schriftsteller Josephus sich mit 40 andern Juden in einen Keller geflüchtet hatte, von denen alle, ausgenommen Josephus selbst und einer seiner Freunde, sich selbst töteten, und daß dies auf folgende Weise zugegangen sei. Alle, außer Josephus und seinem Freunde, erklärten, daß sie lieber sterben als den Siegern in die Hände fallen wollten. Josephus, der sich scheute, seine Absicht, leben zu bleiben, zu offen auszusprechen, schlug vor, daß die Tötung sich in einer gewissen Ordnung vollziehe. Sie möchten sich alle in eine Reihe stellen und dann solle der jeweils Dritte sich selbst den Tod geben, wobei der erste als auf den letzten folgend anzusehen sei. Der Vorschlag wurde angenommen und dadurch, daß Josephus sich auf den 31. Platz und seinen Freund auf den 16. Platz stellte, rettete er sein eigenes und seines Freundes Leben, weil von den 41 Personen die übrigen 39 sich, dem angenommenen Vorschlage gemäß, schon vorher getötet hatten, ehe die Abzählung unter den letzten beiden zu beginnen hatte. Dies scheint das älteste Vorkommen des Problems zu sein.

Obwohl das Problem unter uns immer wieder von neuem auflebt, indem die Kinder nicht durch Losen, sondern durch Abzählen denjenigen oder diejenigen bestimmen, welche bei irgendeinem Spiele eine besondere Rolle spielen sollen, so hat das Problem dennoch niemals eine mathematische Behandlung erfahren, bis der Verfasser dieses Buches eine solche in der „Naturwissenschaftlichen Wochenschrift" und in den „Mitteilungen der Mathematischen Gesellschaft in Hamburg" veröffentlichte. Die wichtigsten Resultate dieser mathematischen Untersuchungen sollen hier Platz finden.

Das Problem läßt sich in verallgemeinerter Form aussprechen, wie folgt:

Auf einer Kreisperipherie liegen n Punkte, die, der Reihe nach, im Sinne eines Uhrzeigers, durch die Zahlen 1, 2, 3, . . . n — 1, n bezeichnet sind. Man zählt, mit Punkt 1 beginnend, der Reihe, nach die Punkte bis zur Zahl d. Der Punkt, den die Zahl d trifft, wird ausgestrichen. Bei dem in der Reihe nächstfolgenden Punkte beginnt man wieder zu zählen, und zwar wieder von 1 bis d. Der Punkt, den jetzt die Zahl d trifft, wird auch ausgestrichen, und so setzt man dieses Verfahren fort, bis alle Punkte ausgestrichen sind, wobei man nie versäume, die ausgestrichenen Punkte beim Zählen zu überspringen. Es soll berechnet werden, welche Nummer der Punkt hat, der als erster, welche, der als zweiter, und überhaupt welche Nummer x der Punkt hat, der als e-ter Punkt ausgestrichen wird. Dabei sind n, d und e natürliche Zahlen. Auch kann d kleiner, gleich oder größer als n sein. Die Zahl e kann jedoch nicht größer als n sein. Fragt man, welcher Punkt als letzter ausgestrichen wird, so hat man e = n zu setzen.

Zunächst ergibt sich sehr einfach, daß, wenn man die gesuchte Nummer des ausgestrichenen Punktes immer mit x bezeichnet, $x = d$ wird, wenn $e = 1$ und n nicht kleiner als d ist. Wenn ebenfalls $e = 1$, aber $n < d$ ist, so ist x gleich dem Reste, der übrigbleibt, wenn man d durch n dividiert. Dies ist aus der Art des Abzählens unmittelbar ersichtlich. Damit sind für $e = 1$ alle Zahlen x bestimmt. Was die Zahlen für $e = 2$ angeht, so fand der Verfasser, daß dieselben aus denen für $e = 1$ dadurch hervorgehen, daß man die letzteren um d wachsen läßt; wenn man dabei auf eine Zahl stößt, die größer als n ist, so hat man n einmal oder öfter zu subtrahieren, bis eine Zahl herauskommt, die nicht größter als n ist. Doch ergibt sich auf solche Weise aus einer für $e = 1$ richtigen Zahl diejenige für $e = 2$ richtige Zahl, welche sich auf *eine um 1 größere Anzahl von Punkten*, also auf $n + 1$ Punkte, bezieht. Z. B. ist für $d = 3$, $e = 1$, $n = 3$ die gesuchte Zahl x auch gleich 3. Aus $x = 3$ folgt nun die für $d = 3$, $e = 2$, $n = 4$ richtige Zahl, indem man d, also hier 3, hinzufügt. Dies gibt 6. Da aber 6 größer als 4 ist, so soll man 4 abziehen wodurch man die Zahl 2 erhält. Dies heißt, daß, wenn man bei 4 Punkten immer von 1 bis 3 zählt, die als zweite ausgestrichene Zahl ursprünglich die zweite Stelle einnahm, was man auch leicht durch den Versuch erkennt. Mathematisch läßt sich das vom Verfasser gefundene Gesetz, das die Zahlen für $n + 1$ und $e + 1$ auf die Zahlen für d und e zurückführt, in folgender Weise aussprechen. Das Funktionszeichen f bezeichne die Abhängigkeit der Zahl x von den Zahlen n, d, e. Ferner bezeichne $a \equiv r \pmod{n}$, daß, wenn a durch n dividiert wird, der Rest r bleibt, wo r eine der Zahlen von 1 bis n sein muß. Dann lautet unser Gesetz:

$$d + f(n, d, e) \equiv f(n + 1, d, e + 1) \pmod{n}.$$

Als Beispiel folgen hier alle Zahlen x für $d = 3$, $d = 4$ und $d = 9$ tabellarisch zusammengestellt. Da man immer nur d zu addieren hat und die Summe entweder gar nicht oder um n oder um 2 n usw. zu vermindern hat, so kann man solche Tabellen ohne Nebenrechnung aus dem Kopfe entwickeln. Die aufeinanderfolgenden Spalten beziehen sich auf die Werte von e, die Zeilen auf die Werte von n.

Erste Tabelle:

$d = 3$

n	e = 1	2	3	4	5	6	7	8	9	10	11	12	.
1	1												.
2	1	2											.
3	3	1	2										.
4	3	2	4	1									.
5	3	1	5	2	4								.
6	3	6	4	2	5	1							.
7	3	6	2	7	5	1	4						.
8	3	6	1	5	2	8	4	7					.
9	3	6	9	4	8	5	2	7	1				.
10	3	6	9	2	7	1	8	5	10	4			.
11	3	6	9	1	5	10	4	11	8	2	7		.
12	3	6	9	12	4	8	1	7	2	11	5	10	.
.	.	.	.	.	.	.	.	.	.	.	.	.	.

Die Addition von d erfolgt in den schrägen Reihen von oben links nach unten rechts. Bei diesen Tabellen beachte man den wichtigen Umstand, daß immer die n Zahlen, die in derselben Zeile mit n stehen, alle Zahlen von 1 bis n umfassen müssen, so daß nie eine solche horizontale Reihe dieselbe Zahl zweimal zeigen kann. Hierdurch ist eine wichtige Kontrolle bei der allmählichen Berechnung der Tabelle gegeben.

Die dritte Tabelle löst alle Fragen, die sich auf $d = 9$ beziehen. Wenn z. B. in einer Klasse von 14 Schülern derjenige, der irgendein Amt übernehmen soll, dadurch bestimmt wird, daß jeweils der neunte Schüler ausscheidet und der zuletzt übrigbleibende Schüler das Amt bekommt, so kann man ersehen, daß es der 6. der Klasse ist, weil die Tabelle für n = 14, e = 14 die Zahl 6 liefert.

Zweite Tabelle:

d = 4

n	e = 1	2	3	4	5	6	7	8	9	10	11	12	.
1	1												.
2	2	1											.
3	1	3	2										.
4	4	1	3	2									.
5	4	3	5	2	1								.
6	4	2	1	3	6	5							.
7	4	1	6	5	7	3	2						.
8	4	8	5	2	1	3	7	6					.
9	4	8	3	9	6	5	7	2	1				.
10	4	8	2	7	3	10	9	1	6	5			.
11	4	8	1	6	11	7	3	2	5	10	9		.
12	4	8	12	5	10	3	11	7	6	9	2	1	.
.	.	.	.	.	.	.	.	.	.	.	.	.	.

Setzt man diese Tabelle bis n = 30 fort, so ergibt die letzte Zeile die Lösung der ursprünglichen Form unseres Problems, bei der n = 30 und e eine der Zahlen 1 bis 15 ist. Man erkennt dann auch, in welcher Reihenfolge die 15 Passagiere ausgewählt werden. Bei Fortsetzung der Tabelle würden nämlich in die Zeile, die sich auf n = 30 bezieht, die folgenden Zahlen kommen: 9, 18, 27, 6, 16, 26, 7, 19, 30, 12, 24, 8, 22, 5, 23, 11, 29, 17, 10, 2, 28, 25, 1, 4, 15, 13, 14, 3, 20, 21.

Die bisher auseinandergesetzte Methode, um bei gegebenen Zahlen d, n, e das zugehörige x zu finden, verlangt, daß man erst die Zahlen x für alle Werte, die kleiner als n sind, be-

Dritte Tabelle:

$d = 9$

n	e = 1	2	3	4	5	6	7	8	9	10	11	12	13	14	15	16	17	.
1	1																	.
2	1	2																.
3	3	1	2															.
4	1	4	2	3														.
5	4	5	3	1	2													.
6	3	1	2	6	4	5												.
7	2	5	3	4	1	6	7											.
8	1	3	6	4	5	2	7	8										.
9	9	1	3	6	4	5	2	7	8									.
10	9	8	10	2	5	3	4	1	6	7								.
11	9	7	6	8	11	3	1	2	10	4	5							.
12	9	6	4	3	5	8	12	10	11	7	1	2						.
13	9	5	2	13	12	1	4	8	6	7	3	10	11					.
14	9	4	14	11	8	7	10	13	3	1	2	12	5	6				.
15	9	3	13	8	5	2	1	4	7	12	10	11	6	14	15			.
16	9	2	12	6	1	14	11	10	13	16	5	3	4	15	7	8		.
17	9	1	11	4	15	10	6	3	2	5	8	14	12	13	7	16	17	.

rechnet, ehe man die auf n selbst bezüglichen x erkennen kann. Es fragt sich nun, ob nicht die Mathematik Mittel liefert, um direkt aus den gegebenen Zahlen d, n, e das zugehörige $x = f(n, d, e)$ zu finden. Dies ist in der Tat möglich. Um die Lösung des Problems der direkten Ermittlung der Zahl x aus n, d, e verständlich zu machen, müssen wir einige Erklärungen vorangehen lassen. Eine geometrische Folge ist bekanntlich eine Folge von Zahlen, bei denen jede folgende aus der unmittelbar vorhergehenden entsteht, indem man diese mit einer und derselben Zahl, dem *konstanten Quotienten* der Folge, multipliziert. So ist

$$1, 2, 4, 8, 16, 32$$

eine geometrische Folge, deren Anfangsglied 1 und deren konstanter Quotient 2 ist. So ist ferner

$$16, 20, 25, 31\tfrac{1}{4}, 39\tfrac{1}{16}$$

eine geometrische Folge mit dem Anfangsglied 16 und dem konstanten Quotienten $\frac{5}{4}$. Ist der konstante Quotient keine ganze Zahl, sondern ein Bruch, so müssen auch die Glieder der Folge entweder sofort oder später gebrochene Zahlen werden, gleichviel wie das Anfangsglied heiße. Wenn man nun in diesem Falle, sobald ein Bruch entsteht, immer die *nächst größere ganze* Zahl dafür setzt und dann auch diese ganze Zahl mit dem konstanten Quotienten multipliziert, um das nächste Glied zu erhalten, so bekommt man eine Folge von lauter ganzen Zahlen, die natürlich nicht mehr eine genaue geometrische Folge darstellt und die wir eine *ganzzahlige Folge* nennen wollen. Um diese Erklärung zu verdeutlichen, nennen wir einige ganzzahlige Folgen, bei denen immer das Anfangsglied a und der konstante Quotient q gegeben sind:

1. a = 1, q = $\frac{4}{3}$ gibt: 1, 2, 3, 4, 6, 8, 11, 15, 20, 27, . . .
2. a = 10, q = $\frac{11}{10}$ gibt: 10, 11, 13, 15, 17, 19, 21, 24, 27, . . .
3. a = 25, q = $\frac{6}{5}$ gibt: 25, 30, 36, 44, 53, 64, 77, 93, . . .

Nach Definition des Begriffs der ganzzahligen Folge läßt sich das Resultat des Verfassers bezüglich einer direkteren Ermittlung des Wertes von x = f (n, d, e) aus gegebenen Werten von a, n, d, e folgendermaßen darstellen (ohne Beweis):

„Man subtrahiere e von n, multipliziere die Differenz mit d und addiere dann 1. Die so erhaltene Zahl nehme man als Anfangsglied einer ganzzahligen Folge, als deren Quotient man $\frac{d}{d-1}$ zu nehmen hat. Dann bestimme man in dieser Folge das größte von allen Gliedern, die noch nicht größer als $d \cdot n$ sind. Die um 1 vergrößerte Differenz zwischen dem so bestimmten Gliede und dem eben genannten Produkte ist stets die genaue Platznummer x." Hierzu die folgenden Beispiele:

1. $d = 3$, $n = 14$, $e = 13$. Man hat also 14 Punkte, zählt immer bis 3 und fragt, welcher Punkt als vorletzter ausgestrichen wird. Das Anfangsglied ist $d(n - e) + 1 = 3 \cdot (14 - 13) + 1 = 4$. Der konstante Quotient ist $\frac{d}{d-1} = \frac{3}{3-1} = \frac{3}{2}$, das Produkt $d \cdot n$, das größer sein muß als das zu wählende Glied der ganzzahligen Folge, ist $3 \cdot 14 = 42$. Die Folge beginnt also mit 4, 6, ... und ist fortzusetzen, bis 42 überschritten wird. Also:

4, 6, 9, 14, 21, 32, 48.

Da 48 schon größer als 42 ist, so ist 32 das größte Glied, das $d \cdot n$ nicht überschreitet. Nun ist zu rechnen $n - 32 + 1 = 42 - 32 + 1 = 11$. Also scheidet der 11. Punkt als vorletzter aus. Das ergibt sich auch aus der ersten unserer drei Tabellen, wenn wir dort die schräge Reihe der vorletzten Zahlen fortsetzen. Dort steht 5 für $n = 12$, $e = 11$, also kommt 8 für $n = 13$, $e = 12$ und 11 für $n = 14$, $e = 13$, wodurch unsere Berechnung bestätigt wird.

2. $d = 10$, $n = 8$, $e = 8$. Man hat also in einer Kreisperipherie 8 Punkte, zählt von einem Anfangspunkt aus immer bis 10, streicht den bei 10 erreichten Punkt aus und

fährt fort, bis alle Punkte ausgestrichen sind, indem man immer die schon ausgestrichenen Punkte nicht mitzählt. Es wird gefragt, der wievielte von den 8 Punkten zuletzt ausgestrichen wird. Das Anfangsglied $d(n - e) + 1$ ist hier 1, der konstante Quotient $\frac{d}{d-1} = \frac{10}{9}$. Man kann die Folge hier sofort mit 9, 10 beginnen, da die voraufgehenden Glieder ja kleiner als 9 sein müssen. So erhalten wir:

9, 10, 12, 14, 16, 18, 20, 23, 26, 29, 33, 37,
42, 47, 53, 59, 66, 74, 83, ...

Nun ist $d \cdot n = 80$. Also ist 74 zu wählen. $80 - 74 + 1 = 7$. Also wird der 7. Punkt zuletzt ausgestrichen.

3. Welchen Platz hatte der Passagier, der gemäß der ursprünglichen Fassung des Problems zuletzt in das Rettungsboot stieg? Hier ist $d = 9$, $n = 30$, $e = 15$. Das Anfangsglied $d(n - e) + 1$ ist $9 \cdot 15 + 1$ oder 136, der konstante Quotient ist $\frac{9}{8}$, das Produkt, bis zu welchem die Folge fortzusetzen ist, 270. Also:

136, 153, 173, 195, 220, 248, 279.

Daher ist 248 zu wählen und $270 - 248 + 1 = 23$ zu rechnen. Folglich hatte der letzte das Schiff Verlassende den 23. Platz, was mit der oben für $d = 9$ und $n = 30$ angegebenen Zahlenfolge in Einklang ist.

4. Es sei die obenerwähnte, im Rätselschatz von Freund mit Nr. 269 bezeichnete Aufgabe zu lösen, bei welcher $n = 32$, $d = 10$ und e jede der Zahlen 1 bis 16 ist. Bezeichnet man die Werte von x, die für $e = 1, 2, 3, \ldots 16$ herauskommen, mit $x_1, x_2, \ldots x_{16}$, so hat man, um $x_1, x_2, \ldots x_{16}$ zu finden, ganzzahlige Folgen aufzustellen, deren konstanter Quotient übereinstimmend $\frac{10}{9}$ beträgt und deren Anfangsglieder die Zahlen

311, 301, 291, 281, ... 161

sind. Das maßgebende Produkt, das von den gewählten Gliedern der Folge nicht überschritten werden darf, ist 320. Also ist $x_1 = 1 + 320 - 311 = 10, x_2 = 1 + 320 - 301 = 20$ $x_3 = 1 + 320 - 291 = 30$, was auch unmittelbar ersichtlich ist. Um x_4 bis x_{16} zu finden, haben wir die folgenden ganzzahligen Folgen zu betrachten. Zieht man die letzte Zahl dieser Folgen immer von 1 + 320 ab, so erhält man die Werte von x_4 bis x_{16}.

271, 313	; $x_4 = 321 - 313 = 8$
271, 302	; $x_5 = 321 - 302 = 19$
261, 290	; $x_6 = 321 - 290 = 31$
251. 279, 310	; $x_7 = 321 - 310 = 11$
241, 268, 298	; $x_8 = 321 - 298 = 23$
231, 257, 286, 318	; $x_9 = 321 - 318 = 3$
221, 246, 274, 305	; $x_{10} = 321 - 305 = 16$
211, 235, 262, 292	; $x_{11} = 321 - 292 = 29$
201, 224, 249, 277, 308	; $x_{12} = 321 - 308 = 13$
191, 213, 237, 264, 294	; $x_{13} = 321 - 294 = 27$
181, 202, 225, 250, 278, 309 . .	; $x_{14} = 321 - 309 = 12$
171, 190, 212, 236, 263, 293 . .	; $x_{15} = 321 - 293 = 28$
161, 179, 199, 222, 247, 275, 306	; $x_{16} = 321 - 306 = 15$

Hierdurch ergibt sich die Stellung der Weißen und der Neger zueinander aus dem folgenden Schema, wo w bzw. n bedeutet, daß den Platz ein Weißer, bzw. ein Neger einzunehmen hat:

w w n w w w w n w n n n n w n n
w w n n w w n w w w n n n n n w.

Schließlich sei noch erwähnt, daß, wenn d = 2 ist, der konstante Quotient der Reihe $\frac{2}{1} = 2$ wird, so daß eine *wirkliche* geometrische Folge entsteht, wodurch die Berechnung des Gliedes dieser Folge, um das 2n + 1 vermindert werden muß. sehr erleichtert wird. Ist außer d = 2, auch e = n, so hat man einfach 2n + 1 um die nächst niedere Potenz von 2 zu vermindern. Sind z. B. 100 Personen abzuzählen, indem man immer nur bis 2 zählt, so ergibt sich die Platznummer desjenigen, der zuletzt allein übrigbleibt, wenn man 201 um die nächst niedere Potenz von 2, also um 128 vermindert. So erhält man, daß der 73. zuletzt übrigbleibt.

§ 22

MAGISCHE QUADRATE

A. EINLEITENDES

Das erste magische Quadrat, das im christlichen Abendlande auftritt, befindet sich als Attribut auf dem „Melancholie" genannten Kupferstich von Albrecht Dürer. Dasselbe sieht so aus:

16	3	2	13
5	10	11	8
9	6	7	12
4	15	14	1

Diese Anordnung der 16 Zahlen von 1 bis 16 hat die merkwürdige Eigenschaft, daß sich stets dieselbe Summe 34 ergibt, gleichviel, ob man die 4 Zahlen addiert, die in jeder der 4 horizontalen Reihen stehen, oder die 4 Zahlen addiert, die in jeder der 4 vertikalen Reihen stehen, oder endlich die 4 Zahlen addiert, die in jeder der beiden diagonalen Reihen stehen. Überhaupt nennt man *magisches Quadrat* ein Quadrat mit $n \cdot n$ quadratischen Feldern, in denen $n \cdot n$ aufeinanderfolgende Zahlen, meist die Zahlen von 1 bis $n \cdot n$, derartig angeordnet sind, daß die Summe von n Zahlen immer dieselbe ist, gleichviel, ob diese n Zahlen in einer horizontalen, einer vertikalen oder einer diagonalen Reihe zusammenstehen. Wir finden diese Aufgabe bei den Arabern sehr verbreitet. Von diesen gelangten die magischen Quadrate dann zu den Oströmern. Endlich haben sich seit Albrecht Dürer auch die westeuropäischen Gelehrten mit den Methoden zur Herstellung solcher Quadrate beschäftigt. Das älteste und einfachste magische Quadrat besteht in der quadratischen Anordnung der 9 Zahlen 1 bis 9, so daß die Summe in jeder horizontalen, vertikalen und diagonalen Reihe stets dieselbe, nämlich 15, wird. Dieses Quadrat sieht so aus:

6	1	8
7	5	3
2	9	4

In der Tat ist $6+1+8=7+5+3=2+9+4=6+7+2=1+5+9=8+3+4=6+5+4=8+5+2=15$. Dabei ist leicht einzusehen, daß alle magischen Quadrate der Zahlen von 1 bis 9 die Zahl 5 in der Mitte und die geraden Zahlen in den 4 Ecken haben müssen, so daß nur 8 solcher magischen Quadrate möglich sind, die jedoch alle aus einem von ihnen hervorgehen, wenn man dasselbe in jeder denkbaren Weise dreht oder spiegelt. Aus dem Dürerschen Quadrate der Zahlen von 1 bis 16 lassen sich noch viele andere magische Quadrate durch methodische Umstellungen ableiten. Auf einfachste Weise bildet man ein magisches Quadrat der Zahlen von 1 bis 16, indem man sich diese Zahlen zunächst in natürlicher Reihenfolge einschreibt, also so:

1	2	3	4
5	6	7	8
9	10	11	12
13	14	15	16

und indem man dann die Zahlen in den 4 Eckfeldern, also 1, 4, 13, 16 und die Zahlen in den 4 Mittelfeldern, also 6, 7, 10, 11 stehen läßt, statt jeder der übrigen Zahlen aber die Zahl schreibt, die man erhält, wenn man sie von 17 subtrahiert, also 15 statt 2, 14 statt 3, 12 statt 5, 9 statt 8, 8 statt 9, 5 statt 12, 3 statt 14, 2 statt 15. So erhält man das folgende magische Quadrat:

1	15	14	4
12	6	7	9
8	10	11	5
13	3	2	16

Hier erscheint überall die Summe 34 sowohl aus den horizontalen als auch aus den vertikalen und diagonalen Reihen. Dazu kommt noch die besondere Eigenschaft, daß auch immer 4 Zahlen, die um die Mitte herum ein Quadrat oder ein Rechteck bilden, die Summe 34 liefern, z. B. 1, 4, 13, 16, sowie 15, 14, 3, 2, sowie 12, 9, 8, 5, sowie 6, 7, 10, 11 oder auch 15, 9, 2, 8 und 14, 12, 3, 5. Dieses Quadrat entsteht aus dem Dürerschen, wenn man es erst um 180° dreht und hierauf die beiden mittleren Vertikalreihen vertauscht.

B. ÄLTERE BILDUNGSARTEN FÜR UNGERADE FELDERZAHL

Schon seit alter Zeit kennt man Vorschriften, um magische Quadrate auch von mehr als $3 \cdot 3$ oder $4 \cdot 4$ Feldern zu bilden. Zunächst läßt sich leicht die Summe berechnen, die sich bei einer gegebenen Felderzahl aus jeder Reihe ergeben muß. Sollen die Zahlen von 1 bis n^2 ein magisches Quadrat bilden und ist x die konstante Summe jeder Reihe, so muß $x \cdot n$ die Summe aller Zahlen von 1 bis n^2 sein. Nun findet man aber bekanntlich die Summe aller Zahlen von 1 bis m, indem man m mit der nächstfolgenden Zahl $m + 1$ multipliziert und vom Produkte die Hälfte nimmt. Also ist

$$x \cdot n = \tfrac{1}{2}n^2(n^2 + 1)$$

oder

$$x = \tfrac{1}{2}n(n^2 + 1),$$

woraus sich $x = 15$ ergibt, wenn $n = 3$ ist; $x = 34$, wenn $n = 4$; $x = 65$, wenn $n = 5$; $x = 111$, wenn $n = 6$; $x = 175$, wenn $n = 7$; $x = 260$, wenn $n = 8$; $x = 369$, wenn $n = 9$; $x = 505$, wenn $n = 10$ ist, usw.

Die als indisch überlieferte Vorschrift für die Herstellung magischer Quadrate mit ungerader Felderzahl in jeder Reihe läßt sich folgendermaßen aussprechen:

„Man schreibe 1 in die Mitte der obersten Reihe, dann 2 als unterste Zahl der rechts daneben befindlichen Vertikalreihe und schreibe dann die weiteren Zahlen in ihrer natürlichen Reihenfolge diagonal nach rechts oben so ein, daß man nach Erreichen des rechten Randes am linken Rande in der darüber befindlichen Reihe fortfährt, und nach Erreichen des oberen Randes am unteren Rande in der rechts daneben befindlichen Reihe die Zählung weiterführt, wobei nur noch zu beachten ist, daß man, wenn man auf ein schon besetztes Feld stößt, statt dessen das Feld ausfüllt, das unter dem zuletzt ausgefüllten sich befindet." Auf diese Weise ist z. B. das folgende magische Quadrat der Zahlen von 1 bis 7 mal 7 gebildet, in dem man überall die Summe 175 erkennt.

30	39	48	1	10	19	28
38	47	7	9	18	27	29
46	6	8	17	26	35	37
5	14	16	25	34	36	45
13	15	24	33	42	44	4
21	23	32	41	43	3	12
22	31	40	49	2	11	20

Eine weitere Förderung der Theorie der magischen Quadrate und der Methoden zu ihrer Herstellung verdanken wir dem Byzantiner Moschopulos im 14. Jahrhundert, ferner noch dem berühmten Rechenmeister Adam Riese und dem Mathematiker Michael Stifel, die beide in der Mitte des 16. Jahrhunderts lebten. Im 17. Jahrhundert beschäftigten sich mit den magischen Quadraten Bachet de Méziriac und Athanasius Kircher. Um 1700 endlich wurde die Theorie derselben durch die französischen Mathematiker De la Hire und Sauveur erheblich gefördert. Im Jahre 1882 faßte Herr Scheffler in Braunschweig seine und andere Studien über magische Quadrate in einem besonderen Buch zusammen. In neuerer Zeit interessieren sich die Mathematiker weniger für die magischen Quadrate und ähnliche Unterhaltungsaufgaben.

Am bekanntesten von den verschiedenen Methoden, magische Quadrate mit ungerader Felderzahl zusammenzusetzen, ist außer der oben erörterten sogenannten indischen die folgende Methode: „Man schreibe die Zahlen nach ihrer natürlichen Reihenfolge in folgender Weise diagonal:

						7						
					6		14					
				5		13		21				
			4		12		20		28			
		3		11		19		27		35		
	2		10		18		26		34		42	
1		9		17		25		33		41		49
	8		16		24		32		40		48	
		15		23		31		39		47		
			22		30		38		46			
				29		37		45				
					36		44					
						43						

Nachdem man so $\frac{1}{2}(n^2 + 1)$ Felder des zu füllenden Quadrats von n^2 Feldern ausgefüllt hat, setze man die an jeder Quadratseite außerhalb befindlichen Zahlen, ohne die Stellung derselben gegeneinander zu ändern, genau in die an der Gegenseite befindlichen leer gebliebenen Felder." Nach dieser von Bachet de Méziriac herrührenden Methode entsteht das folgende magische Quadrat der Zahlen von 1 bis 49:

4	29	12	37	20	45	28
35	11	36	19	44	27	3
10	42	18	43	26	2	34
41	17	49	25	1	33	9
16	48	24	7	32	8	40
47	23	6	31	14	39	15
22	5	30	13	38	21	46

C. NEUERE BILDUNGSWEISEN FÜR UNGERADE FELDERZAHL

Neben den in B erörterten Bildungsverfahren sind vor einiger Zeit allgemeinere für jede ungerade Felderzahl gültige zuerst von De la Hire angegeben und später von Herrn Scheffler in dessen oben zitiertem Buche vervollkommnet worden. Um dieses Verfahren kennenzulernen, wählen wir das Beispiel von $5 \cdot 5$ Feldern. Zunächst formieren wir 2 Hilfsquadrate. In das erste schreiben wir fünfmal die Zahlen von 1 bis 5, in das zweite die Vielfachen von 5, nämlich 0, 5, 10, 15, 20. Es ist nun zunächst klar, daß durch Addieren jeder der Zahlen von 1 bis 5 mit jeder der Zahlen 0, 5, 10, 15, 20 alle 25 Zahlen von 1 bis 25 entstehen. Es handelt sich also bloß noch darum, die Zahlen so einzuschreiben, daß durch Addition der beiden Zahlen in 2 entsprechend liegenden Feldern auch wirklich jede Zusammenstellung einmal und auch nur einmal herauskommt, und daß ferner in jeder horizontalen, vertikalen und diagonalen Reihe in jedem Hilfsquadrat jede Zahl auch wirklich erscheint. Dann muß die erforderliche Summe 65 erscheinen, weil die Zahlen von 1 bis 5 zusammen 15 und die Zahlen 0, 5, 10, 15, 20 zusammen 50 ergeben. Man erreicht die erforderliche Art des Einschreibens dadurch, daß man sich 1, 2, 3, 4, 5 (oder 0, 5, 10, 15, 20) zyklisch denkt, d. h. auf 5 folgend wieder 1, und daß man nun, von irgendeiner Zahl ausgehend, keine Zahl, eine Zahl, zwei Zahlen usw. überspringt. So entstehen Zyklen der ersten bis vierten Ordnung. Z. B. ist 3, 4, 5, 1, 2 ein Zyklus erster Ordnung, 2, 4, 1, 3, 5 ist zweiter Ordnung, 4, 2, 5, 3, 1 ist dritter Ordnung, 1, 5, 4, 3, 2 ist vierter Ordnung. Man hat nun bei beiden Hilfsquadraten zunächst darauf zu achten, daß horizontal in allen Reihen dieselbe Zyklenordnung festgehalten wird und daß dasselbe auch in den vertikalen Reihen geschieht, daß aber die Zyklenordnung horizontal und vertikal verschieden ist. Endlich hat man nur noch darauf zu achten, daß zu denselben Zahlen des einen Hilfsquadrats in dem andern Hilfsquadrat nicht gleiche Zahlen, sondern *verschiedene* Zahlen *zugehören*, d. h. in Feldern liegen, die dieselbe Lage in den beiden Quadraten haben. Möglich sind also z. B. die folgenden Hilfsquadrate:

2	4	1	3	5
1	3	5	2	4
5	2	4	1	3
4	1	3	5	2
3	5	2	4	1

und

15	20	0	5	10
5	10	15	20	0
20	0	5	10	15
10	15	20	0	5
0	5	10	15	20

Addiert man nun immer die beiden Zahlen, die in gleichliegenden Feldern stehen, so erhält man das folgende magische Quadrat der Zahlen 1 bis 25:

17	24	1	8	15
6	13	20	22	4
25	2	9	11	18
14	16	23	5	7
3	10	12	19	21

Man erkennt, daß man so eine große Menge von magischen Quadraten mit 5 · 5 Feldern bilden kann. Man hat nämlich nur die beiden Hilfsquadrate auf jede mit den angegebenen Bedingungen verträgliche Art und Weise anzufüllen. Zudem haben die so entstehenden Quadrate noch die besondere Eigentümlichkeit, daß je 5 Zahlen, welche 2 Reihen ausfüllen, die einer Diagonale parallel sind und auf verschiedenen Seiten derselben liegen, auch die konstante Summe 65 liefern, z. B. 3 und 24, 20, 11, 7 oder 1, 22, 18 und 14, 10. Solche Paare zusammengehöriger einer Diagonale paralleler Reihen kann man als ein aus 5 Feldern bestehendes Ganzes auffassen, das man gebrochene Diagonale nennt. Es entsteht also die Summe 65 im ganzen auf 20fache Weise, nämlich aus 5 horizontalen Reihen, aus 5 vertikalen Reihen, aus 2 diagonalen Reihen und aus 8 gebrochenen Diagonalen. Magische Quadrate von dieser Beschaffenheit nennt man *panmagische Quadrate*. Herr Scheffler hat bewiesen, daß jedes magische Quadrat, das alle diese Bedingungen erfüllt, auch aus 2 Hilfsquadraten in der angegebenen Weise entstehen muß. Mit der Eigentümlichkeit, daß auch die gebrochenen Diagonalen die konstante Summe 65 liefern, hängt die folgende Eigenschaft solcher magischen Quadrate zusammen. Wenn man neben oder über oder unter ein solches Quadrat dasselbe immer nochmals wieder ansetzt, so liefern beliebige 5 · 5 Felder, die man willkürlich herausgreift, immer wieder ein richtiges magisches Quadrat.

Setzt man z. B. das obige magische Quadrat nach rechts und nach unten weiter fort, so erhält man die folgende Figur:

17	24	1	8	15	17	24	1	8	15	17	..
6	13	20	22	4	6	13	20	22	4	6	..
25	2	9	11	18	25	2	9	11	18	25	..
14	16	23	5	7	14	16	23	5	7	14	..
3	10	12	19	21	3	10	12	19	21	3	..
17	24	1	8	15	17	24	1	8	15	17	..
6	13	20	22	4	6	13	20	22	4	6	..
25	2	9	11	18	25	2	9	11	18	25	..
..	..	..	..	..	..	..	..	..	..	..	..

Jedes Quadrat von $5 \cdot 5$ Feldern, wie z. B. die beiden fettumsäumten, zeigt die obenerwähnten magischen Eigenschaften, daß nämlich die konstante Summe 65 auf 20-fache Weise aus 5 Zahlen erhalten werden kann.

D. GERADE FELDERZAHL

Bisher haben wir von magischen Quadraten mit *gerader* Felderzahl nur das von $4 \cdot 4$ Feldern kennengelernt. Wir wenden uns jetzt der Betrachtung solcher Quadrate auch von größerer Felderzahl zu. Ist die Anzahl der Felder an einer Quadratseite 4 oder 8, so läßt sich die soeben entwickelte Methode der Hilfsquadrate wieder anwenden.

Beschäftigen wir uns zuerst mit dem 16feldrigen Quadrat und lassen wir a, b, c, d beliebige Zahlen bedeuten. Dann können die Zahlen so, wie es die linke umstehende Figur zeigt, derartig in das Quadrat eingeordnet werden, daß in allen Reihen, Kolonnen (d. h. Vertikalreihen) und Diagonalen (zusammengefaßt: in allen magischen Richtungen) dieselbe Summe erscheint. Die rechts danebenstehende Figur zeigt

a	b	c	d
d	c	b	a
b	a	d	c
c	d	a	b

C	B	D	A
D	A	C	B
A	D	B	C
B	C	A	D

dasselbe Quadrat um 90° gedreht mit Abänderung der Zahlen a, b, c, d in A, B, C, D.

Addiert man jetzt wieder wie oben bei den 25feldrigen Quadraten die beiden in gleichliegenden Feldern stehenden Zahlen, so ergibt sich das Quadrat:

a + C	b + B	c + D	d + A
d + D	c + A	b + C	a + B
b + A	a + D	d + B	c + C
c + B	d + C	a + A	b + D

dessen Felder alle verschieden besetzt sind, und zwar gerade mit den 16 Zahlen:

a + A	b + A	c + A	d + A
a + B	b + B	c + B	d + B
a + C	b + C	c + C	d + C
a + D	b + D	c + D	d + D,

die sich als Summen aus je einer der Zahlen a, b, c, d und je einer der Zahlen A, B, C, D ergeben.

Um magische Quadrate mit den Zahlen 1 bis 16 zu bilden, kann man den Zahlen a, b, c, d und A, B, C, D folgende 6 voneinander verschiedene Arten von Zahlenwerten geben:

a b c d	1. 1, 2, 3, 4	2. 1, 2, 5, 6	3. 1, 2, 9, 10
A B C D	0, 4, 8, 12	0, 2, 8, 10	0, 2, 4, 6
	4. 0, 4, 8, 12	5. 0, 2, 8, 10	6. 0, 2, 4, 6
	1, 2, 3, 4	1, 2, 5, 6	1, 2, 9, 10

in beliebiger Zuordnung, so daß also a jeden der jeweiligen 4 Werte 1, 2, 3, 4; 1, 2, 5, 6, usw. annehmen kann.

Wählt man z. B. die Zahlen 3 und setzt etwa a = 9, b = 1, c = 10, d = 2 und A = 6, B = 0, C = 4, D = 2, so ergeben sich die Hilfsquadrate:

9	1	10	2
2	10	1	9
1	9	2	10
10	2	9	1

4	0	2	6
2	6	4	0
6	2	0	4
0	4	6	2

und durch ihre Verschmelzung entsteht das magische Quadrat:

13	1	12	8
4	16	5	9
7	11	2	14
10	6	15	3

Mit Hilfe der für a, b, c, d und A, B, C, D angegebenen Zahlen lassen sich 432 verschiedene, auch nicht durch Drehung oder Spiegelung auseinander ableitbare magische Quadrate bilden, zu denen übrigens auch das Dürersche und das mit ihm zusammenhängende Quadrat von Seite 132 gehören. Man erhält das erste, wenn man setzt: a = 6, b = 1, c = 2, d = 5; A = 8, B = 2, C = 10, D = 0. Für das andere ist zu setzen: a =0 b = 6, c = 4, d = 2; A = 2, B = 9, C = 1, D = 10.

Eine Weiterentwicklung hat dieser Gedanke in der Abhandlung von F. Fitting: Rein mathematische Behandlung des Problems der magischen Quadrate von 16 und 64 Feldern (Jahresbericht d. Deutschen Mathem.-Vereinigung, 40. Bd. 1931, Heft 6/8) dadurch erfahren, daß jedes magische Quadrat mittels dyadischer Darstellung seiner Zahlen in 4 „Komponenten" zerlegt wird.

Die Möglichkeit zweier solcher Hilfsquadrate gibt Veranlassung zu einer interessanten Kartenanordnung. Ordnet man nämlich die obigen Buchstaben a, b, c, d den Werten As, Bube, Dame, König zu, dagegen A, B, C, D den Farben Karo, Herz, Pik, Kreuz, so erhält man durch Verschmelzung der beiden Hilfsquadrate zu einem einzigen Quadrat eine quadratische Anordnung der 4 Asse, der 4 Buben, der 4 Damen und der 4 Könige derart, daß in jeder horizontalen, vertikalen und diagonalen Reihe jeder Wert und jede Farbe einmal und nur einmal vertreten ist, wie die folgende Figur zeigt, wo K, C, P, T bzw. die Farben Karo, Herz, Pik, Kreuz bedeuten, und wo die daran gesetzten Indizes 1, 2, 3, 4 bzw. das As, den Buben, die Dame und den König bezeichnen sollen:

K_1	C_2	P_3	T_4
P_4	T_3	K_2	C_1
T_2	P_1	C_4	K_3
C_3	K_4	T_1	P_2

Versucht man, für $n = 6$ zwei solche Hilfsquadrate zusammenzusetzen, so findet man, daß es leicht gelingt, in einem

Quadrat die Zahlen 1, 2, 3, 4, 5, 6, im anderen die Zahlen 0, 6, 12, 18, 24, 30 in der gewünschten Weise anzuordnen, daß aber dann alle Versuche mißlingen, in den 36 Paaren gleichliegender Felder alle 36 Paare der Zahlen 1, 2, 3, 4, 5, 6 mit den Zahlen 0, 6, 12, 18, 24, 30 einzuschreiben. Dagegen lassen sich für jede höhere gerade Felderzahl Hilfsquadrate formieren, die alle Bedingungen erfüllen, die notwendig sind, um aus ihnen ein magisches Quadrat abzuleiten.

E. ZERLEGUNG MAGISCHER QUADRATE IN MEHR ALS ZWEI HILFSQUADRATE

Dem ersten Teil unserer Betrachtung legen wir das nachstehende magische Quadrat zu Grunde, welches entsteht, wenn man von allen Zahlen des Dürerschen (S. 142) 1 subtrahiert.

15	2	1	12
4	9	10	7
8	5	6	11
3	14	13	0

Wir stellen jetzt die Zahlen 0 bis 15 dieses Quadrates in der § 13 angegebenen Art folgendermaßen dyadisch dar:

$0 \mathrel{\hat{=}} 0000$; $1 \mathrel{\hat{=}} 0001$; $2 \mathrel{\hat{=}} 0010$; $3 \mathrel{\hat{=}} 0011$;
$4 \mathrel{\hat{=}} 0100$; $5 \mathrel{\hat{=}} 0101$; $6 \mathrel{\hat{=}} 0110$; $7 \mathrel{\hat{=}} 0111$;
$8 \mathrel{\hat{=}} 1000$; $9 \mathrel{\hat{=}} 1001$; $10 \mathrel{\hat{=}} 1010$; $11 \mathrel{\hat{=}} 1011$;
$12 \mathrel{\hat{=}} 1100$; $13 \mathrel{\hat{=}} 1101$; $14 \mathrel{\hat{=}} 1110$; $15 \mathrel{\hat{=}} 1111$.

Führt man diese Zahlen an Stelle der dekadischen in die Figur ein, so erhält man A. Um diese Figur richtig zu verstehen, erinnere man sich an die Erklärung der Dualzahldarstellung im Paragraphen 13, nämlich daß die 1 im Zweiersystem, je nachdem sie, von rechts gerechnet, die 1., 2., 3., 4. Stelle einnimmt, 1, $2^1 = 2$, $2^2 = 4$, $2^3 = 8$ bedeutet. Daher gilt 1111 $\triangleq 8 + 4 + 2 + 1 = 15$, 1101 $\triangleq 8 + 4 + 0 + 1 = 13$, 0111 $\triangleq 0 + 4 + 2 + 1 = 7$ usw.

1111	0010	0001	1100
0100	1001	1010	0111
1000	0101	0110	1011
0011	1110	1101	0000

A

Wenn man die Ziffern 0 und 1 dieser 4 Stellen von links nach rechts, also zuerst die 8er, dann die 4er, hierauf die 2er und zuletzt die 1er in die Felder von 4 leeren Quadraten einträgt, welchen man die Reihenfolge der 4 Stellen gibt, so sollen diese in a, b, c, d dargestellten Quadrate die „Komponenten“ des ursprünglichen Quadrates heißen.

8er

1	0	0	1
0	1	1	0
1	0	0	1
0	1	1	0

a

4er

1	0	0	1
1	0	0	1
0	1	1	0
0	1	1	0

b

2er

1	1	0	0
0	0	1	1
0	0	1	1
1	1	0	0

c

1er

1	0	1	0
0	1	0	1
0	1	0	1
1	0	1	0

d

In a hat 1, wie in den entsprechenden dyadischen Zahlen den Stellenwert 8, in b den Stellenwert 4 usw., weshalb die Figuren auch 8er-, 4er-, 2er- und 1er-Komponente genannt werden können. Der Leser wird vielleicht fragen, warum wir in den Figuren a, b, und c nicht 8, 4 und 2 für 1 geschrieben haben. Um den Grund dafür zu erkennen, bitten wir, sich zuerst davon zu überzeugen, daß die 4 Komponenten alle magische Quadrate sind, weil in allen ihren Reihen, Spalten und Diagonalen die Summe ihrer Zahlen 2 ist. Dann muß aber immer ein magisches Quadrat entstehen, ganz gleichgültig, in welche Reihenfolge man diese Komponenten bringt, bevor man sie wieder zu einem Quadrat wie A zusammenfügt. Ändert man zum Beispiel die Reihenfolge der Figuren a, b, c, d in b, d, c, a, *behält aber die Stellenwerte von links nach rechts unverändert bei*, so daß also jetzt b die 8er-, d die 4er-, c die 2er- und a die 1er-Komponente wird, so verwandelt sich A in ein anderes magisches Quadrat, dessen Zahlen, zu dekadischen gemacht, 0, 1, . . ., 15 sind. Die folgenden Figuren zeigen 11 dieser magischen Quadrate unter Angabe der mit a, b, c, d in jedem Falle vorgenommenen Umstellungen.

15	1	2	12
4	10	9	7
8	6	5	11
3	13	14	0

a b d c

15	4	1	10
2	9	12	7
8	3	6	13
5	14	11	0

a c b d

15	4	2	9
1	10	12	7
8	3	5	14
6	13	11	0

a c d b

15	1	4	10
2	12	9	7
8	6	3	13
5	11	14	0

a d b c

15	2	4	9
1	12	10	7
8	5	3	14
6	11	13	0

a d c b

15	2	1	12
8	5	6	11
4	9	10	7
3	14	13	0

b a c d

15	1	2	12
8	6	5	11
4	10	9	7
3	13	14	0

b a d c

15	4	1	10
8	3	6	13
2	9	12	7
5	14	11	0

b c a d

15	4	2	9
8	3	5	14
1	10	12	7
6	13	11	0

b c d a

15	1	4	10
8	6	3	13
2	12	9	7
5	11	14	0

b d a c

15	2	4	9
8	5	3	14
1	12	10	7
6	11	13	0

b d c a

Es gibt noch einen zweiten Weg, aus gegebenen magischen Quadraten mittels ihrer Komponenten andere abzuleiten. Jede der oben gefundenen Komponenten bleibt nämlich magisch, wenn man in ihr überall 0 gegen 1 tauscht und etwa *a* aus a

0	1	1	0
1	0	0	1
0	1	1	0
1	0	0	1

a

macht. Setzt man bei irgend einer Reihenfolge der Komponenten einige dieser neuen Hilfsquadrate an Stelle der Komponenten, aus denen sie entstanden sind, so vermag man damit weitere bisher noch nicht gefundene magische Quadrate zu gewinnen. Als Beispiele geben wir

13	3	0	14
6	8	11	5
10	4	7	9
1	15	12	2

a b *d* c

6	11	8	5
1	12	15	2
13	0	3	14
10	7	4	9

b a c *d*

Die 4 Komponenten eines 16feldrigen magischen Quadrates sind aber nicht immer wie in dem ersten Beispiel alle selbst magisch. So ergibt die Zerlegung von Fig. 1 neben den beiden magischen Komponenten 1a und 1b zwei nichtmagische 1c

13	7	8	2
4	11	6	9
3	12	1	14
10	0	15	5

Fig. 1.

und 1d. Diese müssen aber, wenn man ihre in entsprechenden Feldern stehenden Zahlen addiert, ein magisches Quadrat ergeben (vergleiche die Figur Seite 160 oben), weil sie sonst mit 1a und 1b zusammen nicht zu dem magischen Quadrat Fig. 1 führen könnten. Diese Figur setzt sich also aus *3* magischen Gebilden zusammen. Durch Umstellung dieser 3 Qua-

1	0	1	0
0	1	0	1
0	1	0	1
1	0	1	0

Fig. 1a.

1	1	0	0
1	0	1	0
0	1	0	1
0	0	1	1

Fig. 1b.

0	1	0	1
0	1	1	0
1	0	0	1
1	0	1	0

Fig. 1c.

1	1	0	0
0	1	0	1
1	0	1	0
0	0	1	1

Fig. 1d.

1	3	0	2
0	3	2	1
3	0	1	2
2	0	3	1

drate und darauf folgende Zusammenfügung lassen sich daraus die 5 weiteren magischen Quadrate Fig. 2 bis 6 ableiten.

11	7	8	4
1	14	5	10
6	9	2	13
12	0	15	3

Fig. 2.

13	11	4	2
8	7	10	5
3	12	1	14
6	0	15	9

Fig. 3.

11	14	1	4
8	7	12	3
6	9	2	13
5	0	15	10

Fig. 4.

7	13	2	8
1	14	9	6
12	3	4	11
10	0	15	5

Fig. 5.

7	14	1	8
2	13	10	5
12	3	4	11
9	0	15	6

Fig. 6.

Auch der Tausch von 0 und 1 in 1a, 1b und 1c, 1d zusammen führt wieder zu neuen magischen Quadraten.

In dieser Weise kann die Zerlegung gegebener magischer Quadrate in Komponenten zur Entdeckung zahlreicher bis dahin noch unbekannter magischer Quadrate führen. Bisweilen gelingt es aber auch, ohne ein gegebenes Ausgangsquadrat Komponenten zu finden, welche ein solches herzustellen gestatten. In Anknüpfung an die Komponenten a, b, c, d des ersten Beispiels können wir auch das leicht zeigen: a und d, welches aus a durch Drehung um 90° gegen den Uhrzeigersinn entsteht, erweisen sich als panmagisch (Seite 150,

10. Zeile von unten). Eine weitere leicht zu findende panmagische Komponente nebst der, gleichgültig in welchem Sinn, um 90^0 gegen sie gedrehten sind als b und c mit a und d

13	0	7	10
6	11	12	1
8	5	2	15
3	14	9	4

Fig. 7.

1	0	0	1
0	1	1	0
1	0	0	1
0	1	1	0

a

1	0	1	0
1	0	1	0
0	1	0	1
0	1	0	1

b

0	0	1	1
1	1	0	0
0	0	1	1
1	1	0	0

c

1	0	1	0
0	1	0	1
0	1	0	1
1	0	1	0

d

zusammen die Komponenten des panmagischen Quadrates Fig. 7. Durch Umstellung der Komponenten lassen sich daraus noch weitere gewinnen.

14	0	7	9
5	11	12	2
8	6	1	15
3	13	10	4

a b d c

11	0	7	12
6	13	10	1
8	3	4	15
5	14	9	2

a c b d

F. MAGISCHE JAHRESZAHL-QUADRATE

Bisher haben wir immer nur von magischen Quadraten gesprochen, in denen die n^2 Zahlen von 1 bis n^2 stehen. Man kann sich aber auch die Aufgabe stellen, irgendwelche andere

n^2 Zahlen in die Felder einzuschreiben; nur müssen natürlich solche Zahlen irgendwelchen Zusammenhang haben. Nimmt man z. B. statt der Zahlen von 1 bis n^2 die Potenzen von a^1 bis a^{n^2}, so erhält man ein magisches Quadrat, in dem nicht die Summe, sondern das Produkt aller Zahlen jeder Reihe konstant ist. Aus dem magischen Quadrat für 3·3 Felder entsteht so für a = 2:

64	2	256
128	32	8
4	512	16

Hier kommt überall das konstante Produkt $2^{15} = 32768$ heraus. Noch einfacher ist es, zu jeder Zahl eines gewöhnlichen magischen Quadrats eine und dieselbe Zahl b zu addieren. Dann erhält man die aufeinanderfolgenden Zahlen von $b + 1$ bis $b + n^2$ einbeschrieben. Man kann es dann leicht erreichen, daß aus jeder Reihe eine bestimmte, irgendwie interessierende Zahl als Summe herauskommt, etwa eine Jahreszahl. Zwischen der Zahl n der Felder an jeder Quadratseite, der zu addierenden Zahl b und der gewünschten Summe s besteht eine Gleichung, die sich leicht ableiten läßt. Oben ist gezeigt, daß bei einem gewöhnlichen magischen Quadrat aus jeder Reihe sich die Summe $\frac{1}{2}n(n^2 + 1)$ ergeben muß. Für jede Reihe kommt nun $n \cdot b$ hinzu. Dann ergibt sich:

$$s = \tfrac{1}{2}n(n^2 + 1) + nb.$$

Hieraus folgt, daß, falls die Zahl n ungerade ist, sie Teiler von s sein muß. Ist n gerade und von der Form $2^\alpha \cdot m$, wo m ungerade ist, so ergibt sich, daß s sowohl den Teiler m, wie auch den Teiler $2^{\alpha-1}$ haben muß. Da 1965 durch 5 teilbar ist, sind magische Quadrate von 5 · 5 Feldern möglich, die in allen magischen Richtungen die Summe 1965 ergeben. Dabei ist dann 380 diejenige Zahl, die zu jeder Zahl eines gewöhnlichen magischen Quadrats von 25 Feldern zu addieren ist. Ein solches Quadrat ist das folgende:

383	396	389	402	395
400	388	401	394	382
387	405	393	381	399
404	392	385	398	386
391	384	397	390	403

G. INEINANDERLIEGENDE MAGISCHE QUADRATE

Scharfsinn und Geduld hat die Mathematiker auch zu magischen Quadraten geführt, welche die Eigentümlichkeit haben, daß, wenn man nacheinander am Rande je eine Reihe fortnimmt, das übrigbleibende kleinere Quadrat noch immer ein magisches ist, d. h. die Eigenschaft hat, daß alle Reihen dieselbe Summe ergeben. Es mag hier genügen, von solchen Quadraten zwei Beispiele zu liefern, von denen das eine 7 · 7, das andere 8 · 8 Felder hat. Die Zahlen innerhalb jeder fettgedruckten Umrahmung bilden Quadrate, die wieder für sich aus jeder horizontalen, vertikalen und diagonalen Reihe gleiche Summen ergeben.

40	1	2	3	42	41	46
38	31	13	14	32	35	12
39	30	26	21	28	20	11
43	33	27	25	23	17	7
6	16	22	29	24	34	44
5	15	37	36	18	19	45
4	49	48	47	8	9	10

1	63	62	4	5	59	58	8
56	15	49	48	44	19	20	9
55	47	25	28	39	38	18	10
11	22	40	37	26	27	43	54
53	42	34	35	32	29	23	12
13	24	31	30	33	36	41	52
14	45	16	17	21	46	50	51
57	2	3	61	60	6	7	64

H. MAGISCHE QUADRATE MIT MAGISCHEN TEILEN

Zerlegt man ein Quadrat von 8 · 8 Feldern durch die beiden den Seiten parallelen Mittellinien in vier Teile von je 4 · 4 Feldern, so kann man die Aufgabe stellen, die Zahlen von 1 bis 64 so einzufügen, daß nicht allein das Ganze ein magisches Quadrat ist, sondern daß auch jeder der vier Teile magisch ist, d. h. aus jeder horizontalen, vertikalen und diagonalen Reihe eine konstante Summe liefert. Diese Aufgabe löst das folgende Beispiel:

58	7	29	36	54	11	17	48
59	6	32	33	55	10	20	45
8	57	35	30	12	53	47	18
5	60	34	31	9	56	46	19
62	3	21	44	50	15	25	40
63	2	24	41	51	14	28	37
4	61	43	22	16	49	39	26
1	64	42	23	13	52	38	27

Schreibt man einem Quadrate von 3 · 3 Feldern die Zahlen von I bis IX magisch ein und ersetzt dann jede dieser Zahlen wieder durch ein magisches Quadrat von 3 · 3 Feldern, indem man in das Quadrat I die Zahlen von 1 bis 9, in das Quadrat II die Zahlen von 10 bis 18 usw. magisch einschreibt, so erhält man ein Quadrat von 9 · 9 Feldern, das nicht bloß als Ganzes magisch ist, sondern auch aus 9 Quadraten sich zusammensetzt, die jedes für sich magisch sind. Ein solches Quadrat sieht folgendermaßen aus:

11	18	13	74	81	76	29	36	31
16	14	12	79	77	75	34	32	30
15	10	17	78	73	80	33	28	35
56	63	58	38	45	40	20	27	22
61	59	57	43	41	39	25	23	21
60	55	62	42	37	44	24	19	26
47	54	49	2	9	4	65	72	67
52	50	48	7	5	3	70	68	66
51	46	53	6	1	8	69	64	71

I. MAGISCHE POLYGONE

Statt des bisher allein betrachteten Quadrats kann auch eine andere Figur, etwa ein Rechteck oder ein Polygon von beliebig vielen Seiten auftreten. Hierfür nur zwei von Herrn Scheffler gelieferte Beispiele:

1. Die Zahlen von 1 bis 32 lassen sich zu $4 \cdot 8$ so in ein Rechteck einschreiben, daß die langen Reihen 132, die kurzen 66 als Summe ergeben, nämlich:

17	15	14	5	4	22	23	32
8	26	6	13	21	3	31	24
25	7	27	20	12	30	2	9
16	18	19	28	29	11	10	1

2. Die Zahlen von 1 bis 73 lassen sich um ein Zentrum, in dem die Zahl 37 steht, zu 3 Sechsecken gruppieren, die beziehungsweise 3, 5, 7 Zahlen in jeder Seite enthalten und nicht allein durch ihre 6 Seiten, sondern auch durch ihre 3 Eckdurchmesser und ihre 3 Mittellote zu den Seiten immer dieselbe Summe liefern, nämlich von innen nach außen 111, 185, 259. (Vgl. nachstehende Figur.)

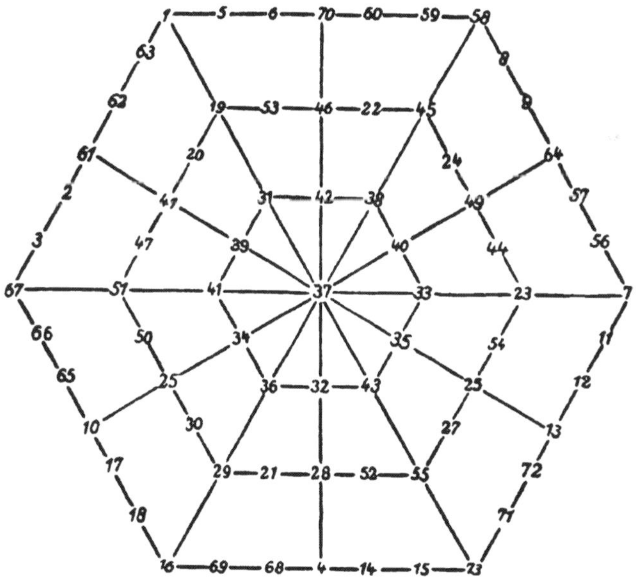

K. MAGISCHE WÜRFEL

Mehrere Freunde magischer Quadrate, namentlich Kochansky, Sauveur, Hugel und Scheffler haben den Begriff der magischen Quadrate von der Ebene auf den Raum ausgedehnt. Man denke sich einen Würfel durch Ebenen, die parallel den Seitenflächen laufen und gleichen Abstand voneinander haben, in lauter würfelförmige Fächer geteilt, und dann denke man sich die Aufgabe gestellt, den Fächern die aufeinanderfolgenden natürlichen Zahlen so einzufügen, daß jede Reihe von links nach rechts, jede von vorn nach hinten, jede von oben nach unten, jede Diagonale eines Quadrats und auch jede durch das Zentrum des Würfels gehende Hauptdiagonale Zahlen enthält, deren Summe immer dieselbe bleibt. Für $3 \cdot 3 \cdot 3$ Fächer läßt sich kein solcher magischer Würfel herstellen. Für $4 \cdot 4 \cdot 4$ Fächer läßt es sich erreichen, daß jede einer Würfelkante parallele Seite und die Diagonalen der 12 Quadrate, die den Grenzflächen parallel laufen, die konstante Summe 130 liefern. Um einen magischen Würfel von 64 Fächern auf der Ebene des Papiers darzustellen, denken wir uns die in die 64 Fächer gehörigen Zahlen oben auf dieselben aufgeschrieben und dann je 16 Zahlen schichtenweise von oben nach unten abgehoben. So erhalten wir 4 Quadrate von je 16 Feldern, die zusammen den magischen Würfel darstellen, wie das folgende Beispiel zeigt:

Erste Schicht von oben

22	63	3	42
60	33	29	8
9	20	48	53
39	14	50	27

Zweite Schicht von oben

49	44	24	13
47	6	58	19
30	55	11	34
4	25	37	64

Dritte Schicht von oben

16	21	41	52
18	59	7	46
35	10	54	31
61	40	28	1

Unterste Schicht

43	2	62	23
5	32	36	57
56	45	17	12
26	51	15	38

In diesem von Herrn Friedrich in Prag konstruierten Würfel erscheint nur in den 4 Hauptdiagonalen eine andere Summe als 130.

In überaus kunstvoller Weise hat man das Problem der magischen Quadrate mit dem des Rösselsprungs, bezüglich dessen auf § 29 verwiesen wird, in Verbindung gebracht. Die Felder 1 und 2, 2 und 3 usw. bis 63 und 64 legt man überall so, daß ein Springerzug zwischen ihnen möglich ist (S. 230 unten) und erhält dadurch einen Rösselsprung. Haben die Zahlen der Diagonalen nicht diese konstante Summe, so heißt das Quadrat semimagisch. Ein solches findet man auf S. 233 Das zweite S. 170 links oben wiedergegebene hat Bruno Lehmann, Wiesbaden konstruiert. Rechts daneben findet man ein 1941 von Emil Lange, Hamburg, hergestelltes interessantes rein magisches Quadrat. Rollt man dieses in einen Zylindermantel zusammen, dessen Achse den Spalten parallel ist, durchschneidet diesen längs des in der Figur angegebenen vertikalen Trennungsstriches und rollt ihn dann so in die Ebene zurück, daß das linke obere Feld des entstehenden Quadrates das mit der Zahl 27 ist, so erhält man einen durch die Reihenfolge der mit 1, 2 . . . 64, 1 besetzten Felder gegebenen geschlossenen Rösselsprung. Nach Lange gibt es noch 13 andere magische Quadrate von derselben Beschaffenheit.

26	41	50	45	24	39	20	15
51	48	25	40	19	16	23	38
42	27	46	49	44	21	14	17
47	52	43	28	13	18	37	22
2	29	6	53	36	63	12	59
7	54	3	32	5	60	35	64
30	1	56	9	62	33	58	11
55	8	31	4	57	10	61	34

60	35	6	27	62	37	4	29
5	32	59	38	1	28	61	36
30	7	34	63	26	3	40	57
33	58	31	2	39	64	25	8
56	9	46	15	24	41	52	17
45	18	55	42	51	16	21	12
20	47	10	23	14	49	44	53
11	54	19	50	43	22	13	48

Emil Lange ist es auch 1932 gelungen, semimagische Quadrate auf Brettern von 12 × 12, 16 × 16, 20 × 20 usw. Feldern auf mannigfaltige Weise zu konstruieren. Auch semimagische Rösselsprünge auf Rechtecken von 8 × 12, 12 × 16 Feldern

61	80	77	98	63	52	75	100	65	50	47	102
78	69	62	53	76	99	64	51	74	101	94	49
81	60	79	68	97	110	17	66	95	48	103	46
34	115	70	111	54	67	96	73	16	93	12	129
59	82	35	114	71	18	109	92	13	128	45	104
116	33	112	55	86	91	72	41	108	15	130	11
83	58	87	36	113	144	19	14	127	40	105	44
32	117	56	85	20	37	90	143	42	107	10	131
57	84	21	88	1	24	139	126	39	142	43	106
118	31	120	23	138	89	38	25	140	7	132	9
121	22	29	2	123	136	27	4	125	134	141	6
30	119	122	137	28	3	124	135	26	5	8	133

S = 580; 870

usw. sowie auf dem Vierschachbrett hat er hergestellt. Wir verweisen bezüglich dieser Rösselsprünge auf die Schrift: S. Vatriquant, Les parcours magiques de Lange, Bruxelles, Librairie du Sphinx. Zum Schluß geben wir einen 144-feldrigen semimagischen Langeschen Rösselsprung, bei welchem in allen Reihen und Spalten die Summe 870 ist. Auch das Innenquadrat ist semimagisch mit der Summe 580.

§ 23

DAS STERNSECHSECK

Im Abschnitt I des vorangehenden Paragraphen wurde an zwei Beispielen erläutert, daß sich das Problem der magischen Quadrate insofern verallgemeinern läßt, als an Stelle der Quadrate auch andere Figuren treten können. Der frühere Herausgeber dieses Buches, F. Fitting, entwickelte, teilweise auf Kerst*) Bezug nehmend, eine Methode zum Herstellen von Sternsechsecken.

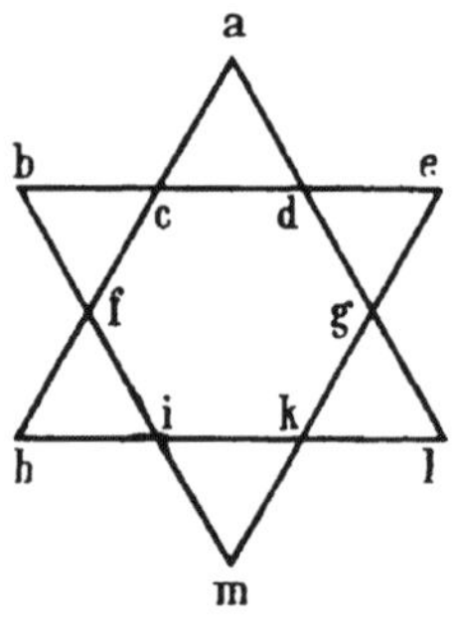

Fig. 1.

Die Buchstaben der Fig. 1 sollen zur Bezeichnung der Punkte, aber auch zur Benennung der an diese Punkte tretenden Zahlen dienen.

Wir knüpfen an an die Fig. 23 (S. 34) des unten zitierten Kerstschen Buches, welche wir als Fig. 2 reproduzieren. Sie soll uns zunächst zeigen, worauf es bei der fraglichen Auf-

*) Bruno Kerst, Mathematische Spiele I, 10, S. 21—38. G. Grote'sche Verlagsbuchhandlung (Berlin).

gabe ankommt: Addiert man die 4 auf irgendeiner Seite der beiden ineinandergeschobenen Dreiecke liegenden Zahlen, so erkennt man, daß die Zahlen 1, 2 . . 12 auf die zwölf Punkte des Sternes so verteilt sind, daß auf jeder Dreieckseite die Summe 26 entsteht. In dieser Forderung der Gleichsummigkeit, welche unsere Aufgabe mit der der magischen Quadrate teilt, besteht das Wesen des Problems der Sternsechsecke. Sie hat einige Sätze zur Folge

1. Die Zahlen an den Eckpunkten der ineinandergeschachtelten Dreiecke haben gleiche Summen $(a+h+l=b+e+m)$.

2. Die Summe der Zahlen an den Eckpunkten je zweier einander gegenüberliegender kleiner Dreiecke sind gleich $(a+c+d=i+k+m$ usw.).

3. Durchläuft man zwei parallele Dreieckseiten im gleichen Sinn, so ist die Summe der ersten und dritten Zahl auf beiden Geraden gleich $(b+i=a+g,\ m+f=l+d$ usw.).

Addiert man die jeweils auf einer Dreieckseite stehenden Zahlen a, c, f, h bzw. b, c, d, e usw., so ergeben sich sechs Gleichungen der zwölf Unbekannten a, b, . . ., m. Durch

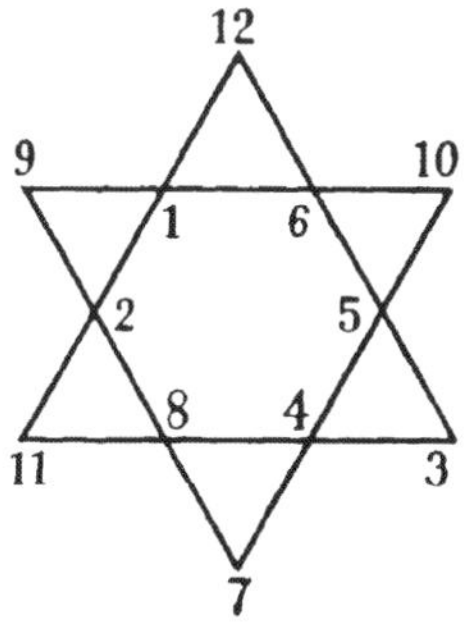

Fig. 2.

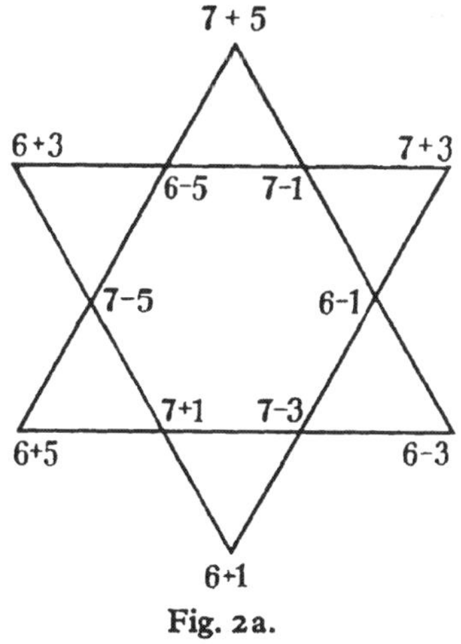

Fig. 2a.

geeignete Addition je drei dieser Gleichungen lassen sich die Sätze 1 und 2 beweisen. Auch Satz 3 folgt aus diesen Gleichungen, wenn man mit Hilfe von Satz 1 substituiert.

Stellen wir jede gerade Zahl der Fig. 2 als Summe oder Differenz von 7 und einer anderen Zahl dar (z. B. 10 = 7 + 3, 2 = 7 — 5) und jede ihrer ungeraden Zahlen als Summe oder Differenz von 6 und einer anderen Zahl, so erhalten wir die Fig. 2a, welche wir nun in zwei Sternsechsecke (Fig. 2b und 2c) zerlegen, von denen das eine die Zahlen 6 und 7, das andere die Zahlen ± 1, ± 3, ± 5 an seinen Punkten hat.

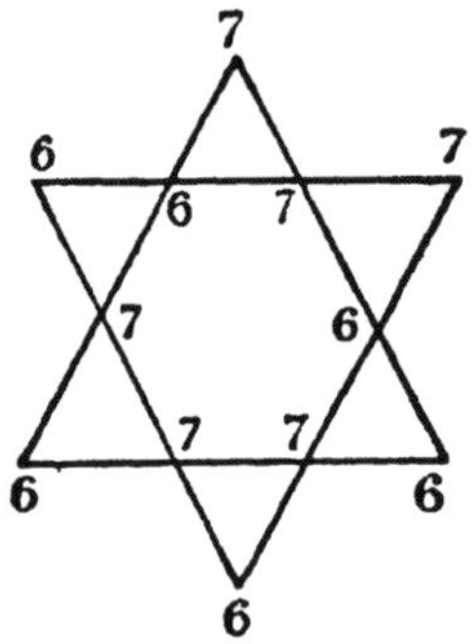

Fig. 2b.

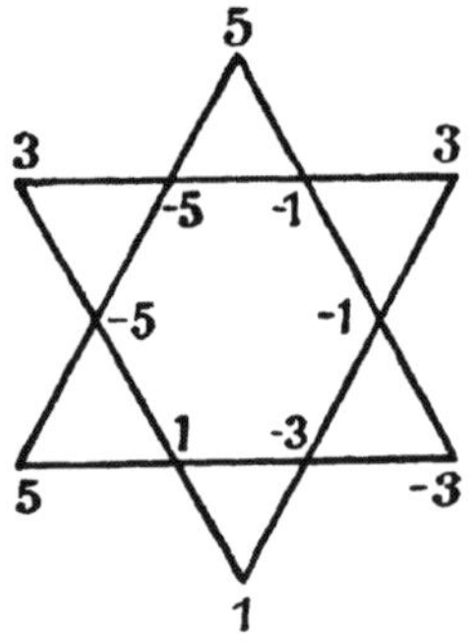

Fig. 2c.

Das erste, der (6, 7)-Stern, hat wie Fig. 2 zur magischen Konstante 26, und weil beim Übereinanderlegen der Fig. 2b und 2c sowohl die Zahlen 6 wie die Zahlen 7 auf die sechs Zahlen ± 1, ± 3, ± 5 fallen, so entsteht ein neues Sternsechseck (wir meinen stets eins mit der Konstante 26), wenn wir in Fig. 2b die Zahlen 6 und 7 die Plätze tauschen lassen und den so veränderten Sechsstern mit Fig. 2c vereinigen. Da ferner die Konstante von Fig. 2c, welche wir (1, 3, 5)-Stern nennen, unverändert 0 bleibt, wenn wir in Fig. 2c alle Vorzeichen tauschen, so ergeben sich noch 2 weitere

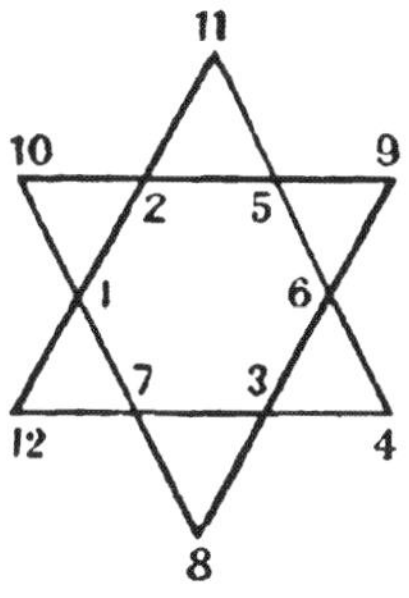

Fig. 3.

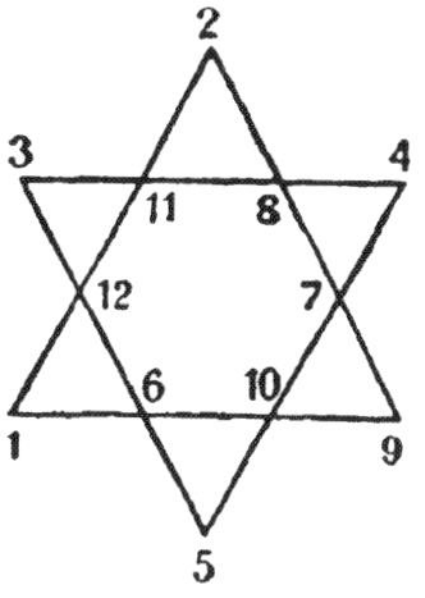

Fig. 4.

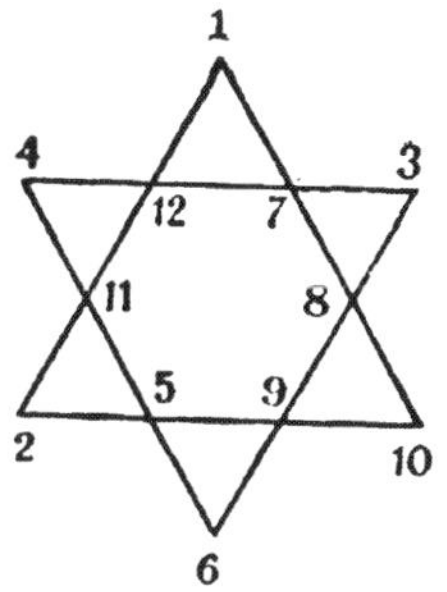

Fig. 5.

Sternsechsecke, wenn wir diesen umgeänderten (1, 3, 5)-Stern mit dem ersten oder dem abgeänderten (6, 7)-Stern vereinigen.

Aus Fig. 2 entstehen so die neuen Sechsecke Fig. 3, 4 und 5. Der Vergleich der Figuren 2 und 5 einerseits und der der Figuren 3 und 4 anderseits läßt erkennen, daß die Figuren 2 und 3 in die beiden anderen übergehen und umgekehrt, wenn man jede ihrer Zahlen von 13 abzieht, und *dies ist eine allen Sternsechsecken zukommende Eigenschaft.* Denn durch diese Subtraktionen reproduzieren sich nicht nur die Zahlen 1 . . 12, sondern auch die Summe bleibt auf jeder Dreiecksseite $4 \cdot 13 - 26 = 26$. Dasselbe gilt von allen ähnlichen Sternfiguren, z. B. dem Sternsiebeneck*), wenn man die Zahl 13 durch deren halbe Konstante ersetzt.

Vergleicht man weiter Fig. 2 mit Fig. 3 und Fig. 4 mit Fig. 5, so zeigt sich, daß die Figuren 2 und 4 in die beiden anderen übergehen und umgekehrt, wenn man alle ungeraden Zahlen um 1 vergrößert und alle geraden um 1 verringert. *Das ist bei allen Sternsechsecken der Fall, deren (6, 7)-Stern auf jeder Dreieckseite zwei Zahlen 6 und zwei Zahlen 7 hat.* Auch dieser Satz läßt sich auf alle anderen Sternfiguren übertragen.

*) Vgl. das zitierte Buch von Kerst, I 19—22.

Jedes Sternsechseck ist auf die angegebene Weise in einen (6,7)-Stern und einen (1,3,5)-Stern zerlegbar. Umgekehrt lassen sich, wie F. Fitting gezeigt hat, alle denkbaren Sternsechsecke konstruieren, indem man zu jedem möglichen (6,7)-Stern sämtliche passenden (1,3,5)-Sterne berechnet.

Da die Seitensumme stets 26 betragen muß, ist es unmöglich, daß eine Seite nur eine gerade oder nur eine ungerade Zahl enthält. Folglich treten zwei Typen von Sternsechsecken auf: Entweder enthält jede Dreieckseite sowohl zwei gerade als auch zwei ungerade Zahlen, oder eine der Seiten enthält nur gerade Zahlen. Im zweiten Fall muß, wie leicht einzusehen ist, eine weitere Seite vorhanden sein, die nur ungerade Zahlen trägt. Zu jedem der beiden Typen existieren nach F. Fitting genau 40 verschiedene Sternsechsecke, so daß es insgesamt 80 verschiedene Sternsechsecke gibt, nicht gezählt diejenigen, die aus diesen achtzig durch Drehung oder Spiegelung entstehen.

§ 24

BOSS-PUZZLE ODER FÜNFZEHNERSPIEL

Vor einiger Zeit hat ein Geduldspiel ein besonderes Interesse bei der ganzen gebildeten Menschheit hervorgerufen, nämlich in den Jahren 1879 und 1880 das in Deutschland unter dem Namen „Boß-Puzzle“, in Frankreich unter dem Namen „Jeu du taquin“ (Neckspiel), in England unter dem Namen „Fifteenth-Puzzle“ eingeführte Spiel. Monatelang bildeten die an dieses Spiel sich anknüpfenden Erörterungen eine stehende Rubrik in Journalen und Zeitungen. Selbst in Straßenbahnwagen konnte man die kleinen Kästchen mit den 15 Holzklötzchen erblicken und unruhige Hände darin schieben sehen. Unternehmende Wirte luden zu einem Boß-Puzzle-Turnier ein, in welchem ein vom Wirt gestelltes Problem gegen Auszahlung einer hohen Belohnung gelöst werden sollte. Natürlich wurde es dann nicht gelöst, weil es zu der Gruppe der unlösbaren Probleme gehörte, wie aus dem Folgenden ersichtlich sein wird.

Aber auch ernste Gelehrte widmeten dem neuen Geduldspiel ihr Interesse und ihre Zeit. Die erste mathematische Behandlung des Spiels erschien schon 1879 in dem „American Journal of mathematics pure and applied“ und hatte den Mathematiker Woolsey Johnson zum Verfasser. Eine Verallgemeinerung der Theorie dieses Gelehrten veröffentlichte dann in demselben Journal Professor Story. In Deutschland gab der Verfasser dieses Buches eine gemeinverständliche, für Laien bestimmte Erörterung des Spiels. Dieselbe erschien 1880 in Hamburg als kleine Broschüre unter dem Titel „Theoretische

Entscheidung über das Boß-Puzzle-Spiel, allgemeinverständlich dargestellt mit Anleitung zur schnellen Bildung lösbarer und unlösbarer Aufgaben". In den folgenden Auseinandersetzungen schließt sich der Verfasser im wesentlichen an die in diesem Büchelchen niedergelegten Erörterungen an, da die von anderen aufgestellten theoretischen Prüfungen des Spiels für Nichtmathematiker schwerer verständlich sind. Mit Recht wird man nach dem Erfinder dieses fesselnden Geduldspiels fragen. Darüber ist nichts weiter bekannt, als was der Mathematiker Sylvester, Professor an der Hopkins-Universität zu Baltimore, auf der Jahresversammlung der „Association française pour l'avancement des sciences" in Reims mitteilte. Danach soll im Dezember 1878 das Spiel von einem taubstummen Amerikaner erfunden sein, als derselbe Nummern, die in einem Kästchen lagen und in Unordnung geraten waren, in die natürliche Reihenfolge bringen sollte. Aus irgendwelchem Grunde nahm er eine Nummer heraus und suchte nun, durch bloßes Schieben sein Ziel zu erreichen.

Wir gehen nun zu der Erörterung des ursprünglichen Boß-Puzzle-Problems über. Dasselbe verlangt, *in einem quadratischen Kästchen, das für 16 gleich große Steine mit quadratischer Oberfläche gerade Platz hat, aber nur 15 solche mit den Zahlen von 1 bis 15 beschriebene und sich berührende Steine enthält, diese Steine, wenn sie beliebig liegen, durch bloßes Verschieben so zu verändern, daß die folgende Figur entsteht:*

1	2	3	4
5	6	7	8
9	10	11	12
13	14	15	

Die durch diese Figur bestimmte Stellung der 15 Steine zueinander wollen wir die *reguläre* Stellung nennen. Beispielsweise sei die folgende Stellung durch Verschieben in die reguläre überzuführen:

1	6	2	3
5	10	7	4
11	8	12	15
9	13	14	

Unter anderm wird man dieses Problem dadurch lösen können, daß man bei der gegebenen Anfangsstellung zunächst den mit 15 beschriebenen Stein auf das leere Feld rückt und dann die 3 Steine 11, 8, 12 nach rechts schiebt. Aus der so gewonnenen Stellung:

1	6	2	3
5	10	7	4
	11	8	12
9	13	14	15

kann man nach und nach die folgenden Stellungen leicht durch Schieben erreichen:

1	6	2	3
5	10	7	4
9	11	8	12
13	14	15	

1	6	2	3
5	10	7	4
9	11		8
13	14	15	12

1		2	3
5	6	7	4
9	10	11	8
13	14	15	12

1	2	3	4
5	6	7	
9	10	11	8
13	14	15	12

Aus der letzten dieser 4 Stellungen kann man nun aber die reguläre Stellung sofort dadurch erreichen, daß man die Steine 8 und 12 nach aufwärts schiebt.

Es fragt sich zuächst, *wieviel Probleme möglich sind*, d. h. wieviel verschiedene Anordnungen man den 15 Steinen geben kann, wobei vorausgesetzt werden soll, daß bei jedem Problem das leere Feld, wie bei der regulären Stellung, rechts unten ist. Aus den Ausführungen des Paragraphen 2 folgt, daß die Anzahl der Permutationen von 15 numerierten Steinen 15! beträgt. Es ist

$$15! = 2 \cdot 3 \cdot 4 \cdot 5 \cdot 6 \cdot 7 \cdot 8 \cdot 9 \cdot 10 \cdot 11 \cdot 12 \cdot 13 \cdot 14 \cdot 15$$

oder $15! = 1\,307\,674\,368\,000$.

Demnach gibt es mehr als 1,3 Billionen Boß-Puzzle-Aufgaben.

Wer eine dieser Aufgaben zu lösen unternimmt, wird bald die ersten 12 Steine durch Schieben auf ihre richtigen Plätze bringen können. Dann aber wird er in der vierten Reihe eine der folgenden 6 Stellungen erhalten müssen:

1. 13, 14, 15; 2. 14, 15, 13; 3. 15, 13, 14;
4. 13, 15, 14; 5. 14, 13, 15; 6. 15, 14, 13.

Die Erfahrung wird dann jedem bald zeigen, daß man das durch die erste Stellung angegebene Ziel auch bei der zweiten und dritten Stellung durch Mitbenutzung der Steine 9, 10,

11, 12 der dritten Reihe erreichen kann, und zwar nach mindestens 18maligem Rücken eines Steines, daß man aber bei der vierten, fünften und sechsten Stellung die geforderte reguläre Stellung *nicht* erreichen kann. Die Lösung einer solchen Aufgabe kann nur durch Betrug oder Taschenspielerei bewerkstelligt werden. Man gelangt nämlich immer dann zur Lösung, wenn man irgendwann, statt zu schieben, einmal 2 Steine ihre Plätze wechseln läßt, was aber der Spielregel widerspricht.

Um der Theorie der Boß-Puzzle-Aufgaben nähertreten zu können, gehen wir von folgenden einfachen Überlegungen aus. Unter „Zug" im Boß-Puzzle-Spiel verstehen wir die Verschiebung eines Steines auf den benachbarten leeren Platz. Bewegen wir nun einen Stein von seinem anfänglichen Platze fort, schieben dann so, daß er weiterwandern kann, und lassen ihn nun so beliebige und beliebig unterbrochene Wanderungen ausführen, aber derartig, daß er schließlich einmal auf seinen alten Platz zurückkehrt, so hat der Stein immer eine *gerade* Anzahl von Zügen ausgeführt, gleichviel, welche Platzänderungen die übrigen Steine dabei erlitten haben. Denn jeder Zug in horizontaler oder vertikaler Richtung muß irgendwann und irgendwo einmal wieder durch eine parallele Verschiebung in entgegengesetzter Richtung *rückgängig* gemacht sein. Was hiermit von einem Stein als richtig erkannt ist, muß auch für das leere Feld gelten, welches ja auch bei jedem Zuge horizontal oder vertikal um einen Schritt vorwärts oder rückwärts wandert. Hieraus geht aber folgende Wahrheit hervor: „Wird eine Stellung der 15 Steine durch beliebig fortgesetzte Verschiebung in eine andere Stellung übergeführt, bei welcher der leere Platz wieder da ist, wo er vorher war, so ist die *Gesamtsumme aller* der während der Überführung der einen Stellung in die andere ausgeführten *Züge eine gerade Zahl.*" Bei jeder solchen Verschiebung kann man sich denken, daß der zuerst auf den leeren Platz unten rechts gerückte Stein nacheinander mit sämtlichen sonst noch gezogenen Steinen den *Platz wechselt*. Beispielsweise ziehen wir, von der regulären Stellung ausgehend, nacheinander die Steine:

12, 8, 7, 3, 2, 6, 10, 14, 15, 12,

so daß wir als neue Stellung erhalten:

1	6	2	4
5	10	3	7
9	14	11	8
13	15	12	

Die vorgenommene Verschiebung können wir uns nun durch eine *Vertauschungsfolge* ersetzt denken, wenn wir uns vorstellen, daß der leere Platz immer von dem zuerst gezogenen Stein 12 besetzt ist. Stein 12 tauscht dann zuerst mit 8, dann mit 7, dann mit 3, mit 2, mit 6, mit 10, mit 14, endlich mit 15. Es sind also bei den 10 Zügen 8 Platzwechsel vorgekommen, nämlich 2 Platzwechsel weniger als Züge, weil das Hineinrücken der 12 in den leeren Platz und das Entfernen von demselben keinen Tausch von Steinen veranlaßt. So muß es aber bei jeder noch so komplizierten Verschiebung sein; immer kann man sagen, daß der zuerst auf den leeren Platz gerückte Stein mit allen sonst noch gezogenen Steinen tauscht. Dabei ist die Zahl der gedachten Vertauschungen immer um 2 kleiner als die Zahl der Züge. Da nun die Zahl der Züge, wie schon oben eingesehen ist, eine gerade sein muß, eine um 2 verminderte gerade Zahl aber wiederum gerade ist, so ist auch die *Zahl der vorgekom-*

menen Vertauschungen eine gerade. Statt die Vertauschung mit Stein 12 zu beginnen, kann man sie natürlich mit irgendeinem der gezogenen Steine beginnen, z. B. mit 3. Es tauscht dann 3 mit 2, dann mit 6, mit 10, mit 14, mit 15, dann über das leere Feld schräg mit 12, dann mit 8, endlich mit 7. Oft kehren Steine im Laufe der Verschiebung wieder auf ihre Plätze zurück. Da sie dazu eine gerade Zahl von Zügen brauchen, so bleibt die Zahl der Vertauschungen gerade, wenn man solche Vertauschungen, die aus zurückkehrenden Steinen entstanden sind, nicht mitzählt. Zieht man z. B., von der regulären Stellung ausgehend, nacheinander die Steine

15, 14, 10, 11, 7, 6, 11, 10, 14, 15,

so kann man, statt 15 mit 14, dann mit 10, mit 11, mit 7, mit 6, mit 11, mit 10, endlich mit 14 tauschen zu lassen, auch bloß 11 mit 7 und dann 11 mit 6 tauschen lassen, um die neue Stellung zu erzielen. Jedenfalls erhält man auch dann eine gerade Anzahl von Vertauschungen. Wenn also zwei Stellungen durch Verschieben auseinander hervorgehen, so kann man sie auch durch eine gerade Anzahl von Vertauschungen zweier benachbarter Steine ineinander überführen. Befolgt man dabei nun nicht gerade die aus der Verschiebung selbst resultierende Vertauschungsordnung, sondern irgendwelche andere, bei der man auch das Ziel erreicht, so macht man vielleicht mehr oder weniger Vertauschungen, jedenfalls aber eine gerade Zahl mehr oder weniger, weil man eine gerade Zahl von Vertauschungen vornehmen muß, um aus einer gewissen Anordnung von Dingen dieselbe Anordnung wiederzuerhalten. Hieraus kann man also das folgende Resultat erschließen: „Ist eine alte Stellung der 15 Steine des Boß-Puzzles durch ein bloßes Verschieben in eine neue übergeführt, bei welcher der leere Platz wieder auf sein altes Feld zurückgekehrt ist, so muß die Zahl der Vertauschungen, die man mit je *2 be-*

nachbarten Steinen vornehmen muß, um ebenfalls aus der alten Stellung die neue zu erhalten, *gerade* sein."

Wenn man nun 2 nicht benachbarte Steine ihre Plätze wechseln läßt, z. B. bei der regulären Stellung 2 und 11, so kann man diesen Tausch auch durch mehrmalige Vertauschung je zweier benachbarter Steine ersetzen. Man hat nämlich 2 mit 3, 2 mit 7, 2 mit 11 und dann nur noch 7 mit 11, 7 mit 2 die Plätze wechseln zu lassen. Man sieht also, daß die Vertauschung zweier nicht benachbarter Steine immer dadurch geleistet werden kann, daß man so viele Vertauschungen je zweier Nachbarsteine vornimmt, wie die um 1 verminderte doppelte Anzahl der Züge beträgt, welche man von dem Platz des einen Steines zum Platz des andern Steines machen müßte. Wenn man also Vertauschungen zweier *nicht* benachbarter Steine vornimmt, so erreicht man dasselbe Ziel auch dadurch, daß man eine gerade Anzahl öfter 2 benachbarte Steine vertauscht. Wir erhalten deshalb das folgende wichtige Resultat:

Wenn man 2 durch bloßes Verschieben ineinander überführbare Stellungen der 15 Steine des Boß-Puzzles dadurch ineinander überführt, daß man auf irgendwelche Weise immer je 2 beliebige Steine miteinander vertauscht, so nimmt man stets eine gerade Zahl von Vertauschungen vor.

Es wird zweckmäßig sein, dieses Resultat an einigen Beispielen zu erläutern:

1. Man gehe von der regulären Lage der Steine aus, schiebe auf den leeren Platz den Stein 12, auf den dann leer gewordenen Platz den Stein 11, auf den so erhaltenen leeren Platz den Stein 15 und auf dessen Platz den Stein 12. Dann kann man die neue Stellung auch dadurch erzielen, daß man erst Stein 11 und 12 und darauf Stein 12 mit Stein 15 vertauscht. Man hat dann 2, also eine gerade Anzahl von Vertauschungen vorgenommen.

2. Man gehe von der regulären Stellung aus und rücke auf den jedesmal leeren Platz die Steine:

12, 11, 10, 14, 15, 10, 14, 9, 13, 15, 10, 14,
9, 10, 15, 13, 10, 9, 11, 12.

Dadurch erhält man als neue Stellung:

1	2	3	4
5	6	7	8
10	9	11	12
13	15	14	

Die neue Platzordnung geht aber auch aus der alten durch eine gerade Anzahl von Vertauschungen hervor, nämlich durch den Platzwechsel der Steine 9 und 10 sowie der Steine 14 und 15.

3. Man verschiebe die Stellung:

1	3	4	7
5	2		8
9	6	11	12
13	14	10	15

in

1	2	3	4
5	6		7
9	10	11	8
13	14	15	12

Dies kann z. B. durch die Züge

11, 10, 15, 12, 8, 7, 4, 3, 2, 6, 10, 11

bewerkstelligt werden. Wie man nun auch versuchen mag, durch Platzwechsel von Steinen aus der alten Stellung zur neuen zu gelangen, immer wird man eine gerade Zahl von

Vertauschungen vorzunehmen haben, beispielsweise durch aufeinanderfolgendes Wechseln der Steine:

15 und 4, 15 und 3, 15 und 10, 10 und 2,
10 und 6, 8 und 4, 8 und 12, 7 und 4.

Dies sind aber 8 Vertauschungen.

Unsere obigen Überlegungen ergeben auch die Umkehrung des oben ausgesprochenen Resultats. Diese Umkehrung läßt sich so aussprechen:

Eine alte Stellung der 15 Steine des Boß-Puzzles ist in eine neue Stellung überführbar oder nicht, je nachdem die Anzahl der irgendwie vorgenommenen Vertauschungen, welche gleichfalls aus der alten Stellung die neue herstellen können, gerade ausfällt oder nicht.

Die folgenden Beispiele bestätigen diese Regel.

1. Als das Boß-Puzzle-Spiel aufgekommen war und viele Menschen beschäftigte, spielte namentlich die Aufgabe eine Rolle, welche verlangt, die Stellung, bei der Stein 15 vor Stein 14 am Schluß steht, sonst aber alle Steine die regulären Plätze einnehmen, in die reguläre Stellung zu verschieben. Diese Aufgabe erweist sich nach unserer Regel als unlösbar, weil eine einzige Vertauschung zweier Steine dasselbe Ziel erreicht, und 1 eine ungerade Zahl ist. Aus demselben Grunde sind auch die beiden Aufgaben unlösbar, bei denen die Steine 1 bis 12 an ihren richtigen Plätzen stehen, dann aber 14, 13, 15 oder 15, 14, 13 folgt. Dagegen sind lösbar die beiden Aufgaben, bei denen die Steine der ersten drei Reihen wieder regulär stehen, dann aber in der vierten Reihe

14, 15, 13 oder 15, 13, 14

folgt. Denn hier erreicht man durch 2 Vertauschungen die reguläre Stellung 13, 14, 15 und 2 ist eine gerade Zahl.

2. Man hat sich die Aufgabe gestellt, durch Verschieben die erste der beiden folgenden Stellungen in die zweite überzuführen:

1	2	3	4
5	6	7	8
9	10	11	12
15	14	13	

in

4	3	2	1
5	14	13	12
6	15		11
7	8	9	10

Unsere zweite Regel entscheidet sofort darüber, ob es möglich oder unmöglich ist. Man schiebe zunächst so, daß der leere Platz bei beiden Stellungen an demselben Orte ist, also etwa in der ersten Stellung 12 auf den leeren Platz und auf den dadurch leer gewordenen Platz den Stein 11. Dann kann man etwa so tauschen:

4 mit 1, 2 mit 3, 9 mit 6, 15 mit 7, 14 mit 8,
13 mit 9, 12 mit 10, 14 mit 12, 15 mit 13, 14 mit 15.

Da man durch 10, also eine gerade Zahl von Vertauschungen, auch zum Ziel gelangen kann, so ist die gestellte Aufgabe lösbar.

3. Um zu prüfen, ob man die Stellung:

4	3	2	1
8	7	6	5
12	11	10	9
	15	14	13

in die reguläre verschieben kann, schiebe man 13, 14, 15 nach links, so daß der leere Platz an seine richtige Stelle kommt. Dann erkennt man sofort, daß man nur die Steine 4 und 1, 3 und 2, 8 und 5, 7 und 6, 12 und 9, 11 und 10, 13 und 15 zu vertauschen braucht, um die reguläre Stellung zu erzielen. Da 7 Vertauschungen, also eine ungerade Zahl, zu diesem Ziele führen, so ist die Aufgabe unlösbar.

Aus unsern beiden zuvor erwähnten Regeln folgen ohne weiteres auch die folgenden vier Zusätze:

1. Zwei Stellungen, die sich durch Verschieben in eine und dieselbe dritte Stellung bringen lassen, sind auch ineinander verschiebbar.

2. Zwei Stellungen, die sich *beide nicht* in eine und dieselbe dritte Stellung verschieben lassen, sind ineinander verschiebbar.

3. Zwei Stellungen, von denen die eine in eine dritte verschoben werden kann, die andere aber nicht, lassen sich nicht ineinander verschieben.

4. Jede Stellung, die nicht durch Verschieben in die reguläre Stellung übergehen kann, wird zu einer Stellung, die in die reguläre verschoben werden kann, wenn man einmal oder eine ungerade Anzahl Male entweder zwei Steine vertauscht, oder, was auf dasselbe hinauskommt, einen Stein oder eine ungerade Anzahl von Steinen überspringt.

Wenn bei einer Boß-Puzzle-Aufgabe, welche die Verschiebung in die reguläre Stellung verlangt, viele Steine zufällig auf ihren richtigen Plätzen liegen, so wird man schnell die Zahl der Vertauschungen übersehen, die vorzunehmen sind, um die übrigen Steine richtig zu ordnen. Fällt jene Zahl gerade aus, so ist die Aufgabe lösbar, fällt sie ungerade aus, unlösbar. Liegen aber bei einer verwickelteren Aufgabe sehr wenige Steine oder gar kein Stein am richtigen Platze, so wären viele Vertauschungen vorzunehmen, um die Entscheidung über die Lösbarkeit treffen zu können. Man tut dann gut, die Vertauschungen ordnungsmäßig in Reihen zusammenzufassen und so übersichtlicher zu gestalten, wie das folgende Beispiel verdeutlicht:

Es sei zu prüfen, ob die erste der beiden folgenden Stellungen in die zweite reguläre verschoben werden kann:

2	4	6	8
5	3	10	12
1	14	11	7
9	13	15	

in

1	2	3	4
5	6	7	8
9	10	11	12
13	14	15	

Da auf dem ersten Felde oben links der Stein 2 liegt, der Stein 1 aber nachher liegen soll, so vertauscht man die beiden, dann legt man Stein 2 an die Stelle, wo 4 liegt, den Stein 4 dahin, wohin er gehört, also auf das Feld, wo Stein 8 liegt, dann werden in derselben Weise die Steine 12, 7, 10, 14, 13, 9 herausgenommen, und schließlich wird der Stein 9 auf den Platz gelegt, wo anfänglich der Stein 1 lag. Auf diese Weise bilden die Steine:

1, 2, 4, 8, 12, 7, 10, 14, 13, 9

einen *Vertauschungskreis*, der aus 9 Vertauschungen besteht, an denen 10 Steine teilnehmen. Ebenso bilden die Steine 3 und 6 einen zweiten Kreis, der aus 1 Vertauschung von 2 Steinen besteht. Endlich bleiben noch 3 Steine, nämlich 5, 11, 15 übrig, die schon auf ihren richtigen Plätzen liegen. Man kann also sagen, daß noch 3 Vertauschungskreise hinzukommen, deren jeder aus 0 Vertauschungen und 1 Stein besteht. In jedem Falle kommt also heraus, daß 1 Vertauschungskreis einen Stein mehr umfaßt, als Vertauschungen darin vorkommen. In unserm Beispiel haben wir 5 Vertauschungskreise, also 5 Steine mehr als Vertauschungen. Folglich ist immer die *Gesamtzahl der Vertauschungen gleich dem Überschuß der Steinzahl über die Zahl der Vertauschungskreise*, in unserm Beispiel gleich 15 — 5 = 10. Da 10 gerade ist, so ist die Aufgabe lösbar. Damit erhalten wir die folgende Hauptregel:

Eine Boß-Puzzle-Stellung ist in eine andere verschiebbar oder nicht, je nachdem der Überschuß der Steinzahl über die Zahl der Vertauschungskreise, die man durchwandern muß, um die alte Stellung in die neue zu verwandeln, gerade ausfällt oder ungerade.

Diese Hauptregel ermöglicht die denkbar schnellste Entscheidung über die Lösbarkeit von Boß-Puzzle-Aufgaben. Man verfährt behufs solcher Entscheidung am zweckmäßigsten, wenn man sich die beiden Stellungen, die ineinander verschoben werden sollen, der Reihe der Zahlen nach untereinander schreibt. Dann kann man mit dem Auge schnell und sicher die Vertauschungskreise erkennen und demgemäß nach dem obigen Satze die Entscheidung treffen. Zur Verdeutlichung dienen die folgenden Beispiele:

1. Es sei zu prüfen, ob die erste der beiden folgenden Stellungen in die zweite reguläre verschiebbar ist:

6	8	12	11
5	14	4	1
13	15	2	9
3	10	7	

in

1	2	3	4
5	6	7	8
9	10	11	12
13	14	15	

Man schreibe die in gleichliegenden Feldern stehenden Zahlen untereinander, um die Vertauschungskreise leichter zu erkennen. Also:

6	8	12	11	5	14	4	1	13	15	2	9	3	10	7
1	2	3	4	5	6	7	8	9	10	11	12	13	14	15

Man erkennt nun leicht die 3 Vertauschungskreise:

1) 1, 6, 14, 10, 15, 7, 4, 11, 2, 8;
2) 3, 12, 9, 13; 3) 5.

Die Zahl 3 der Vertauschungskreise, abgezogen von der Anzahl 15 der Steine, ergibt die gerade Zahl 12. Also sind die beiden Stellungen ineinander verschiebbar.

2. Man habe zu prüfen, ob die beiden folgenden Stellungen ineinander verschiebbar sind:

14	2	13	1
9	8	3	6
4	7	5	12
11	15	10	

in

13	5	11	4
14	3	6	8
2	7	1	12
15	10	9	

Man schreibe die beiden Stellungen so wie im ersten Beispiel, also:

14	2	13	1	9	8	3	6	4	7	5	12	11	15	10
13	5	11	4	14	3	6	8	2	7	1	12	15	10	9

Hieraus erkennt man die folgenden 5 Vertauschungskreise:

1) 13, 14, 9, 10, 15, 11; 2) 5, 2, 4, 1;
3) 3, 8, 6; 4) 7; 5) 12.

Nun ist $15 - 5 = 10$ gerade. Deshalb sind die beiden vorgelegten Stellungen durch Verschieben ineinander überzuführen.

Unsere Hauptregel gibt uns auch die Entscheidung darüber, ob bei einer vorliegenden Stellung die Steine in richtige Reihenfolge gebracht werden können, ohne daß gerade die Stellung erzielt wird, die oben als regulär bezeichnet ist. Es gibt im ganzen 8 Stellungen, bei denen man sagen kann, daß die Zahlen auf den Steinen in natürlicher Reihenfolge stehen, und unsere Hauptregel ergibt dann leicht, daß diese 8 Stellungen in 2 Gruppen von je 4 so zerfallen, daß die 4 Stellungen jeder Gruppe ineinander verschiebbar sind, daß aber keine Stellung einer Gruppe in eine Stellung der andern Gruppe verschiebbar ist. Die beiden Gruppen sind folgende:

Erste Gruppe

1	2	3	4
5	6	7	8
9	10	11	12
13	14	15	

1	5	9	13
2	6	10	14
3	7	11	15
4	8	12	

	12	8	4
15	11	7	3
14	10	6	2
13	9	5	1

	15	14	13
12	11	10	9
8	7	6	5
4	3	2	1

Zweite Gruppe

4	3	2	1
8	7	6	5
12	11	10	9
	15	14	13

13	9	5	1
14	10	6	2
15	11	7	3
	12	8	4

4	8	12	
3	7	11	15
2	6	10	14
1	5	9	13

13	14	15	
9	10	11	12
5	6	7	8
1	2	3	4

Da jede beliebige Stellung der 15 Steine des Boß-Puzzles, die nicht in eine bei der ersten Gruppe angegebene Stellung durch Verschieben gebracht werden kann, notwendig in eine Stellung der zweiten Gruppe verschiebbar sein muß, so kann man jede Boß-Puzzle-Aufgabe lösbar nennen, wenn man unter „lösen" versteht, die vorgeschriebene Stellung in irgendeine der obigen 8 Stellungen zu verschieben. Da 2 Stellungen der zweiten Gruppe aus der regulären Stellung hervorgehen, indem man dieselbe in einem Spiegel betrachtet, der senkrecht zu der Ebene des Boß-Puzzle-Quadrats und parallel einer Seite desselben ist, so kann man auch sagen, daß jede Stellung der 15 Steine durch Verschieben in eine Stellung gebracht werden kann, die entweder selbst regulär ist oder, in einem Spiegel betrachtet, regulär erscheint.

Bisher ist das Boß-Puzzle-Spiel immer nur unter der Annahme betrachtet, daß 15 Steine in einem Kästchen liegen, das für 4 · 4 Steine Platz hat. Alle obigen Erörterungen bezüglich der Vertauschungen und Vertauschungskreise gelten jedoch auch, wenn das rechteckige Kästchen für a b Steine Platz hat und a b — 1 Steine wirklich enthält. Insbesondere ist auch die zuletzt abgeleitete Hauptregel so ausgesprochen, daß sie auf diesen allgemeineren Fall unmittelbar angewandt werden kann, wie folgende Beispiele zeigen.

1. Es sei zu prüfen, ob verschoben werden kann:

5	2	8
3	7	6
1	4	

in

1	2	3
4	5	6
7	8	

Aus der bequemeren Schreibweise:

5	2	8	3	7	6	1	4
1	2	3	4	5	6	7	8

ergeben sich 4 Vertauschungskreise, nämlich:

1) 1, 5, 7; 2) 2; 3) 3, 8, 4; 4) 6.

Da die Steinzahl 8 beträgt und 8 — 4 = 4 eine gerade Zahl ist, so sind die gegebenen beiden Stellungen ineinander verschiebbar.

2. Es sei zu entscheiden, ob die beiden folgenden Stellungen durch Schieben ineinander übergeführt werden können:

1	2	3
4	5	6
7	8	9
10	11	12
13	14	15
16	17	18
19	20	

in

1	2	3
16	15	4
17	14	5
18	13	6
19	12	7
20	11	8
	10	9

Schiebt man bei der zweiten Stellung die beiden Steine 10 und 9 beide nach links, damit der leere Platz bei beiden Stellungen gleich liegt, so hat man anzusetzen:

1	2	3	4	5	6	7	8	9	10	11	12	13	14	15	16	17	18	19	20
1	2	3	16	15	4	17	14	5	18	13	6	19	12	7	20	11	8	10	9

Hieraus gehen die folgenden 4 Vertauschungskreise hervor:

1) 1; 2) 2; 3) 3;

4) 4, 16, 20, 9, 5, 15, 7, 17, 11, 13, 19, 10, 18, 8, 14, 12, 6.

Da $20 - 4 = 16$ gerade ist, so sind die beiden vorgeschriebenen Stellungen ineinander verschiebbar.

Bald nach Erfindung des Boß-Puzzle-Spiels tauchte in Deutschland eine Variante desselben auf, die dasselbe in Zusammenhang mit magischen Quadraten brachte (vgl. hier § 22) und verlangte, die reguläre Stellung durch Schieben in eine Stellung zu verwandeln, bei welcher, nachdem in das leere Feld die Zahl 16 gesetzt ist, aus allen horizontalen, vertikalen und diagonalen Reihen dieselbe Summe sich ergeben sollte. Der Verfasser möchte hierzu bemerken, daß es viel näher liegt, das leere Feld gar nicht mitzuzählen und es mit der Zahl 0 ausgefüllt zu denken. Sachlich wird dadurch das Problem nicht wesentlich geändert, praktisch aber insofern, als man dann nicht noch einen neuen Stein braucht, um das leere Feld auszufüllen. Solche Quadrate erhält man, wenn in einem 16feldrigen magischen Quadrat jede der Zahlen 1 bis 16 um 1 verkleinert wird. Es handelt sich z. B. darum, die linke von den beiden folgenden Stellungen in die rechte überzuführen:

1	2	3	4
5	6	7	8
9	10	11	12
13	14	15	

in

15	1	2	12
4	10	9	7
8	6	5	11
3	13	14	

Das zweite Quadrat ist magisch, da sich aus den vier horizontalen, den vier vertikalen und den beiden diagonalen Reihen dieselbe Summe 30 ergibt. Es fragt sich aber, ob die Überführung der einen Stellung in die andere durch Verschiebung möglich ist. Unsere Hauptregel verneint diese Frage, da 4 Vertauschungskreise vorliegen und 15 — 4 eine ungerade Zahl darstellt. Hieraus können wir aber nach den vorangehenden Erörterungen schließen, daß sich die reguläre Stellung in das *Spiegelbild* der zweiten Stellung verschieben läßt, also in:

12	2	1	15
7	9	10	4
11	5	6	8
	14	13	3

und dies ist ein Quadrat, das die Bedingung eines magischen Quadrats ebensogut erfüllt, wie das frühere.

Ebenso erkennt man leicht, daß die reguläre Stellung von 8 Steinen in 3 · 3 Feldern in ein magisches Quadrat mit der konstanten Summe 12 verschoben werden kann, nämlich:

1	2	3
4	5	6
7	8	

in

3	8	1
2	4	6
7		5

§ 25

EWIGER KALENDER FÜR WOCHENTAGE UND OSTERDATEN

Zu den Problemen der Anordnung gehört auch die Herstellung übersichtlicher Tabellen, aus welchen man ohne Rechnung den Wochentag leicht ersehen kann, auf den irgendein Datum eines beliebigen Jahres gefallen ist bzw. fallen wird. Eine sehr einfache Einrichtung dieser Art rührt vom Verfasser her, und ist unter dem Namen „Panchronist" verbreitet. Der Panchronist ist aus Pappe oder Kartonpapier hergestellt und enthält zwei bewegliche, mit Pfeilen versehene Streifen, von denen der eine von links nach rechts, der andere von oben nach unten verschiebbar ist. Schiebt man den letzteren so, daß sein Pfeil auf das Jahrhundert weist, den ersteren so, daß sein Pfeil auf das Jahr im Jahrhundert hinzeigt, so erscheint vor einem der gesamte Wochentagskalender des betreffenden Jahres. Ferner hat der Verfasser einen ewigen Kalender hergestellt, der keine beweglichen Streifen enthält und doch aus einigen Tabellen sowohl den Wochentag jedes beliebigen Datums, wie auch die christlichen Festdaten jedes beliebigen Jahres leicht finden läßt. Dieser ewige Kalender, auf Pappe gedruckt und zum Anhängen geeignet, ist bei Herold in Hamburg verlegt. Die folgenden Seiten enthalten einen Abdruck desselben.

A. Ewiger Wochentagskalender

Jahrhunderte alten Stils				I.						
0..	7..	14..	.	c	d	e	f	g	a	b
1..	8..	15..	.	b	c	d	e	f	g	a
2..	9..	16..	.	a	b	c	d	e	f	g
3..	10..	17..	.	g	a	b	c	d	e	f
4..	11..	18..	.	f	g	a	b	c	d	e
5..	12..	19..	.	e	f	g	a	b	c	d
6..	13..	20..	.	d	e	f	g	a	b	c
Die **fett** gedruckten Zahlen bezeichnen die Jahre, die im alten und im neuen Stil Schaltjahre sind. Von den Jahreszahlen, die mit 00 endigen, bezeichnen Schaltjahre im alten Stil alle, im neuen Stil nur die durch 400 teilbaren. Der erste Tag des neuen Stils war in der kath. Kirche der 15. Okt. 1582, im protest. Deutschland der 1. März 1700.			Jahrgang im Jahrhundert	00	01	02	03		**04**	05
				06	07		**08**	09	10	11
					12	13	14	15		**16**
				17	18	19		**20**	21	22
				23		**24**	25	26	27	
				28	29	30	31		**32**	33
				34	35		**36**	37	38	39
					40	41	42	43		**44**
				45	46	47		**48**	49	50
				51		**52**	53	54	55	
				56	57	58	59		**60**	61
				62	63		**64**	65	66	67
					68	69	70	71		**72**
				73	74	75		**76**	77	78
				79		**80**	81	82	83	
				84	85	86	87		**88**	89
				90	91		**92**	93	94	95
Jahrhunderte neuen Stils					96	97	98	99		
26..	22..	18..		a	b	c	d	e	f	g
25..	21..	17..		c	d	e	f	g	a	b
24..	20..	16..		e	f	g	a	b	c	d
23..	19..	15..		f	g	a	b	c	d	e

Beispiele:

1. 1898 (n. St.) = d, d Dezember 25 = Sonntag;
2. 1848 (n. St.) = e, e **Januar** 1 = Sonnabend;
3. 800 (a. St.) = b, b Dezember 25 = Freitag;

A. Ewiger Wochentagskalender

II.							
Jan. i. Schaltj.	g	a	b	c	d	e	f
Febr. i. Schaltj.	d	e	f	g	a	b	c
Januar i. Gmj.	f	g	a	b	c	d	e
Februar i. Gmj.	c	d	e	f	g	a	b
März	c	d	e	f	g	a	b
April	g	a	b	c	d	e	f
Mai	e	f	g	a	b	c	d
Juni	b	c	d	e	f	g	a
Juli	g	a	b	c	d	e	f
August	d	e	f	g	a	b	c
September	a	b	c	d	e	f	g
Oktober	f	g	a	b	c	d	e
November	c	d	e	f	g	a	b
Dezember	a	b	c	d	e	f	g
1. 8. 15. 22. 29.	M	Di	Mi	Do	Fr	Sd	Sg
2. 9. 16. 23. 30.	Di	Mi	Do	Fr	Sd	Sg	M
3. 10. 17. 24. 31.	Mi	Do	Fr	Sd	Sg	M	Di
4. 11. 18. 25.	Do	Fr	Sd	Sg	M	Di	Mi
5. 12. 19. 26.	Fr	Sd	Sg	M	Di	Mi	Do
6. 13. 20. 27.	Sd	Sg	M	Di	Mi	Do	Fr
7. 14. 21. 28.	Sg	M	Di	Mi	Do	Fr	Sd

Abkürzungen.

Sg = Sonntag, M = Montag, Di = Dienstag, Mi = Mittwoch, Do = Donnerstag, Fr = Freitag, Sd = Sonnabend.

Schlüssel.

Man finde in I den Buchstaben, in dem die Reihe des Jahrhunderts und die Reihe des Jahrgangs sich kreuzen. Den gefundenen Buchstaben suche man in II hinter dem Monat und gehe vertikal nach unten bis zu der horizontalen Reihe, in der die Datumzahl steht.

Beispiele:

4. 1099 (a. St.) = d, d Juli 15 = Freitag;
5. 1572 (a. St.) = a, a August 24 = Sonntag;
6. 1970 (n. St.) = b, b Sept. 2 = Mittwoch.

B. Ewiger Festkalender

III.

19 . .	0 . .	1	2	3	4	5	6	7	8	9	10	11	12	13	14	15	16	17	18	19
20 . .	1 . .	6	7	8	9	10	11	12	13	14	15	16	17	18	19	1	2	3	4	5
21 . .	2 . .	11	12	13	14	15	16	17	18	19	1	2	3	4	5	6	7	8	9	10
22 . .	3 . .	16	17	18	19	1	2	3	4	5	6	7	8	9	10	11	12	13	14	15
Jahrhunderte alten Stils	4 . .	2	3	4	5	6	7	8	9	10	11	12	13	14	15	16	17	18	19	1
	5 . .	7	8	9	10	11	12	13	14	15	16	17	18	19	1	2	3	4	5	6
	6 . .	12	13	14	15	16	17	18	19	1	2	3	4	5	6	7	8	9	10	11
	7 . .	17	18	19	1	2	3	4	5	6	7	8	9	10	11	12	13	14	15	16
	8 . .	3	4	5	6	7	8	9	10	11	12	13	14	15	16	17	18	19	1	2
	9 . .	8	9	10	11	12	13	14	15	16	17	18	19	1	2	3	4	5	6	7
	10 . .	13	14	15	16	17	18	19	1	2	3	4	5	6	7	8	9	10	11	12
	11 . .	18	19	1	2	3	4	5	6	7	8	9	10	11	12	13	14	15	16	17
	12 . .	4	5	6	7	8	9	10	11	12	13	14	15	16	17	18	19	1	2	3
	13 . .	9	10	11	12	13	14	15	16	17	18	19	1	2	3	4	5	6	7	8
	14 . .	14	15	16	17	18	19	1	2	3	4	5	6	7	8	9	10	11	12	13
	15 . .	19	1	2	3	4	5	6	7	8	9	10	11	12	13	14	15	16	17	18
	16 . .	5	6	7	8	9	10	11	12	13	14	15	16	17	18	19	1	2	3	4
	17 . .	10	11	12	13	14	15	16	17	18	19	1	2	3	4	5	6	7	8	9
	18 . .	15	16	17	18	19	1	2	3	4	5	6	7	8	9	10	11	12	13	14
Jahrgang im Jahrhundert.	➤	00	01	02	03	04	05	06	07	08	09	10	11	12	13	14	15	16	17	18
		19	20	21	22	23	24	25	26	27	28	29	30	31	32	33	34	35	36	37
		38	39	40	41	42	43	44	45	46	47	48	49	50	51	52	53	54	55	56
		57	58	59	60	61	62	63	64	65	66	67	68	69	70	71	72	73	74	75
		76	77	78	79	80	81	82	83	84	85	86	87	88	89	90	91	92	93	94
		95	96	97	98	99														
Jahrhunderte neuen Stils	15 . .	2	14	15	16	17	18	19	20	21	22	23	24	25	26	27	28	29	30	1
	16 . .	18	19	20	21	22	23	24	25	26	27	28	29	30	1	2	14	15	16	17
	17 . .	12	13	14	15	16	17	18	19	20	21	3	4	5	6	7	8	9	10	11
	18 . .	17	18	19	20	21	3	4	5	6	7	8	9	10	11	12	13	14	15	16
	19 . .	22	23	24	25	26	27	28	29	30	1	2	3	4	5	6	7	8	9	10
	20 . .	27	28	29	30	1	2	3	4	5	6	7	19	9	10	22	23	24	25	26
	21 . .	2	3	4	5	6	7	19	9	10	22	23	24	25	26	27	28	29	30	1

Schlüssel.

Um das Datum des Ostersonntags für ein beliebiges Jahr zu finden, bestimme man einerseits aus I (Wochentagskalender) den Buchstaben des Jahres, anderseits aus III die dem Jahre zugehörige Zahl in derselben Weise. Da wo in IV die vertikale Reihe des aus I bestimmten Buchstabens die horizontale Reihe der aus III gefundenen Zahl kreuzt, steht das gesuchte Osterdatum, und zwar bedeuten dabei die fett gedruckten Ziffern den Monat März, die übrigen den Monat April. — Z. B.: 1) 1282 = b 10 = 29. März; 2) 1898 (n. St.) = d 20 = 10. April.

B. Ewiger Festkalender

IV.

	a	b	c	d	e	f	g
1	6	12	11	10	9	8	7
2	**30**	**29**	**28**	**27**	**26**	1	**31**
3	20	19	18	17	16	15	14
4	6	5	4	3	9	8	7
5	**23**	**29**	**28**	**27**	**26**	**25**	**24**
6	13	12	11	17	16	15	14
7	6	5	4	3	2	1	31
8	20	19	18	24	23	22	21
9	13	12	11	10	9	8	14
10	**30**	**29**	28	3	2	1	**31**
11	20	19	18	17	16	22	21
12	6	5	11	10	9	8	7
13	**30**	**29**	**28**	**27**	**26**	**25**	**31**
14	13	19	18	17	16	15	14
15	6	5	4	3	2	8	7
16	**23**	**22**	28	**27**	**26**	**25**	**24**
17	13	12	11	10	16	15	14
18	**30**	5	4	3	2	1	**31**
19	20	19	18	24	23	22	21
20	13	12	11	10	9	8	7
21	**30**	**29**	**28**	**27**	2	1	**31**
22	20	19	18	17	16	15	21
23	6	5	4	10	9	8	7
24	**30**	**29**	**28**	**27**	**26**	**25**	**24**
25	13	12	18	17	16	15	14
26	6	5	4	3	2	1	7
27	20	19	25	24	23	22	21
28	13	12	11	10	9	15	14
29	**30**	**29**	4	3	2	1	**31**
30	20	19	18	17	23	22	21
	a	b	c	d	e	f	g

V.

Ostern	Pfingsten
März	Mai
22	10
23	11
24	12
25	13
26	14
27	15
28	16
29	17
30	18
31	19
1	20
2	21
3	22
4	23
5	24
6	25
7	26
8	27
9	28
10	29
11	30
12	31
13	1
14	2
15	3
16	4
17	5
18	6
19	7
20	8
21	9
22	10
23	11
24	12
25	13
April	Juni

§ 26

EWIGER KALENDER FÜR NEUMOND UND VOLLMOND

Der zuverlässigste Wegweiser für chronologische Forschungen ist die Astronomie. Denn der Zeitrechnung aller Völker liegen die Bewegungen des Mondes und der Sonne zugrunde. In erster Linie ist es der Unterschied von Tag und Nacht und die Wiederkehr der Jahreszeiten, was den Menschen zu einer Einteilung der Zeit geführt hat, in zweiter Linie aber auch die regelmäßige Wiederkehr der Phasen des Mondes. In unserer Einteilung des Jahres in 12 Monate haben wir noch ein Überbleibsel von dem Mondjahr, jener Jahrform, deren sich die Chinesen und Inder, die Hebräer, Babylonier und Assyrer, die Syrer, Araber und Türken, sowie noch manche andere Völker einst bedienten oder noch bedienen. Da aber das aus 12 Mondumläufen bestehende Mondjahr etwas mehr als 354 Tage umfaßt, während das Jahr, die Umlaufszeit der Erde um die Sonne, aus etwas mehr als 365 Tagen besteht, so sind komplizierte Rechnungen erforderlich, um das Datum einer Begebenheit aus einer Zeitrechnung in eine andere zu übertragen. Aber auch abgesehen von der Zeitrechnung nach Mondjahren spielt der Mond bei der Erzählung von Begebenheiten oft eine wichtige Rolle, indem z. B. ein nächtlicher Überfall durch die Helligkeit des Vollmonds begünstigt oder verhindert wurde. Deshalb ist die Bestimmung der Tage, an denen Neumond oder Vollmond eintrat, für jedes beliebige Jahr, von großer Wichtigkeit. Der Verfasser hat nun in dem hier folgenden ewigen Mondkalender eine Methode niedergelegt, die es auch dem Laien ermöglicht, für jeden Monat in jedem Jahre jedes beliebigen Jahrhunderts das Neumonds- oder Vollmondsdatum mühelos zn berechnen. Diese Methode verlangt nichts weiter, als die Addition zweier Zahlen und die Verminderung der Summe um eine dritte Zahl. Die drei Zahlen sind dem Jahrhundert, dem Jahrgang im Jahrhundert und dem Monat zugeordnet und in den drei Tabellen des Mondkalenders fettgedruckt. Bezüglich der Benutzung der Tabellen sind noch folgende Bemerkungen zu beachten:

1. Wenn man das aus den drei Tabellen hervorgehende Resultat um 15 oder 44 vermehrt oder vermindert, erhält man ein Vollmondsdatum.

2. Für das 19. Jahrhundert (18..) und neuen Stil braucht man die Jahrhunderttabelle gar nicht zu berücksichtigen, da bei 18.. die Zahl 0 steht.

3. Für die Zeit vor Christi Geburt hat man die fettgedruckten Zahlen der Jahrhunderttabelle und der Jahrgangstabelle negativ zu rechnen, so daß alle drei Zahlenreihen subtraktiv zu nehmen sind. Man muß dann das gefundene negative Resultat zunächst noch weiter um die Zahl 3 vermindern und $29\frac{1}{2}$, 59 oder $88\frac{1}{2}$ addieren, um ein Neumondsdatum zu erhalten, dagegen 15, 44 oder 74 addieren, um ein Vollmondsdatum zu erhalten. Die Jahre vor Christi Geburt sind nach astronomischem Gebrauche zu rechnen, d. h. man hat sich den Kalender des alten Stils so nach rückwärts fortgesetzt zu denken, daß dem ersten Jahre unserer Zeitrechnung ein mit 0 bezeichnetes Jahr vorangeht, so daß z. B. das Jahr 423 vor Christi Geburt als minus 422 zu rechnen ist.

4. Die durch die drei Tabellen gelieferten Daten weichen von den wahren astronomischen Daten nicht mehr als um einen halben, selten um einen ganzen Tag ab.

5. Der ewige Mondkalender hat für viele Jahrtausende vor und nach Christi Geburt Gültigkeit. Für Jahre so ferner Vergangenheit oder so ferner Zukunft muß man die Jahrhunderttabelle sich derartig fortsetzen, daß man erst $4\frac{1}{2}$, dann 4, dann $4\frac{1}{2}$ addiert, und dann wieder $4\frac{1}{2}$, 4, $4\frac{1}{2}$ usw. zuzählt. Ferner muß man beim neuen Stil immer noch außerdem 1 zuzählen, wenn beim Wechsel des Jahrhunderts ein Schalttag ausfällt. Wird die erreichte Zahl größer als 29, muß man sofort $29\frac{1}{2}$ subtrahieren. Beim neuen Stil würde also die Tabelle I folgende Fortsetzung haben: 22 . . = **$20\frac{1}{2}$**, 23 . . = **$25\frac{1}{2}$**, 24 . . = $\frac{1}{2}$, 25 . . = **6**, 26 . . = **11**, 27 . . = **$16\frac{1}{2}$**, 28 . . = 21.

Den beiden in dem Schlüssel gegebenen Beispielen fügen wir noch 6 Beispiele hinzu, die sich auf historische oder astronomische Begebenheiten beziehen.

1. Oktober 1758 (n. St.) = $24 + 18\frac{1}{2} - 11\frac{1}{2} = 31$, $31 - 15 = 16$. Am 16. Oktober 1758 war Vollmond. Folglich war während des nächtlichen Überfalls bei Hochkirch am 14. Oktober 1758 fast Vollmond.

2. Januar 1544 = $4\frac{1}{2} + 23 - 3 = 24\frac{1}{2}$. Am 24. oder 25. Januar 1544 war Neumond. Dieser Neumond veranlaßte die in Deutschland total sichtbar gewesene Sonnenfinsternis des 24. Januar 1544.

3. August 1572 = $4\frac{1}{2} + 14 - 9\frac{1}{2} = 9$, $9 + 15 = 24$. Am 24. August 1572, also auch noch in der Bartholomäusnacht war Vollmond.

4. August 1887 (n. St.) = $0 + 28 - 9\frac{1}{2} = 18\frac{1}{2}$. Am 18.—19. August war Neumond. Dieser Neumond veranlaßte die Sonnenfinsternis, die in den Morgenstunden des 19. August

1887 eintrat, für Mitteldeutschland total war, aber leider verregnete.

5. Januar 1077 = $12\frac{1}{2} + 18\frac{1}{2} - 4 = 27$. Am 27. Januar 1077 war Neumond. Also hatte Heinrich IV., als er zu Kanossa im Büßerhemd stand (Ende Januar 1077), keinen Mondschein.

6. Oktober des Jahres —2155 = $-1 - 21\frac{1}{2} - 3 - 11\frac{1}{2} = -37$. Ferner $-37 + 59 = 22$. Am 22. Oktober des Jahres —2155 war Neumond. Dieser Neumond veranlaßte die älteste uns überlieferte Sonnenfinsternis unter dem von 2159 bis 2146 vor Christi Geburt regierenden chinesischen Kaiser Tschung-hang am 22. Oktober des Jahres —2155.

Ewiger Mondkalender

I.

Alter Stil	Jahrhundert	Neuer Stil
28	0..	
3	1..	
7	2..	
11½	3..	
16	4..	
20	5..	
24½	6..	
29	7..	
3½	8..	
8	9..	
12½	10..	
16½	11..	
21	12..	
25½	13..	
0	14..	
4½	15..	**14½**
9	16..	**19**
13	17..	**24**
17½	18..	**0**
22	19..	**5½**
26	20..	**9½**
1	21..	**15**

II.

Jahrgang für alten und neuen Stil						
00	19	38	57	76	95	**0**
01	20	39	58	77	96	**18½**
02	21	40	59	78	97	**7½**
03	22	41	60	79	98	**26½**
04	23	42	61	80	99	**15½**
05	24	43	62	81		**4½**
06	25	44	63	82		**23**
07	26	45	64	83		**12½**
08	27	46	65	84		**1½**
09	28	47	66	85		**20**
10	29	48	67	86		**9**
11	30	49	68	87		**28**
12	31	50	69	88		**17**
13	32	51	70	89		**6**
14	33	52	71	90		**24½**
15	34	53	72	91		**14**
16	35	54	73	92		**3**
17	36	55	74	93		**21½**
18	37	56	75	94		**11**

III.

Monat für alten und neuen Stil	
Januar i. Schaltj.	**3**
Februar i. Schaltj.	**4½**
Januar i. Gemeinj.	**4**
Februar i. Gemj.	**5½**
März	**4**
April	**5½**
Mai	**6**
Juni	**7½**
Juli	**8**
August	**9½**
September	**11**
Oktober	**11½**
November	**13**
Dezember	**13½**

Im alten Stil sind Schaltjahre solche Jahre, deren Zahl durch 4 teilbar ist. Im neuen Stil sind Schaltjahre solche Jahre, deren Zahl nicht auf 00 endigt und durch 4 teilbar ist, außerdem solche Jahre, deren Zahl durch 400 teilbar ist. Alle übrigen Jahre sind Gemeinjahre. 1900 ist also im a. St. Schaltj., im n. St. Gemeinjahr. — Gemeinjahre haben 28 Tage im Febr., Schaltj. 29.

Schlüssel

Von der Summe der in I und II dem Jahrhundert und dem Jahrgang beigesetzten fettgedruckten Zahlen subtrahiere man die in III dem Monat beigesetzte fettgedruckte Zahl. Dann ist das erhaltene Resultat, nötigenfalls um 29½ vermehrt oder vermindert, das Datum eines Neumonds. Z. B.:

1. 1897 Dezember (n. St. $= 0 + 7\frac{1}{2} - 13\frac{1}{2} + 29\frac{1}{2} = 23\frac{1}{2}$. Der Eintritt des Neumonds war am 23. Dezember abends gegen 9 Uhr.
2. 1572 August $= 4\frac{1}{2} + 14 - 9\frac{1}{2} = 9$. Am 9. August 1572 war Neumond.

§ 27

EULERSCHE WANDERUNGEN

Innerhalb Königsbergs bildet der Pregel eine „Kneiphof“ genannte Insel. Über die beiden Flußarme, welche diese Insel bilden, führen 7 Brücken, von denen 5 auf die Insel selbst führen und 2 die beiden Arme schon vorher überschreiten, ehe dieselben die Insel umschließen, wie die folgende mehr schematisch als topographisch aufzufassende Figur zeigt, in der das Wasser schattiert, Land und Brücken nicht schattiert sind.

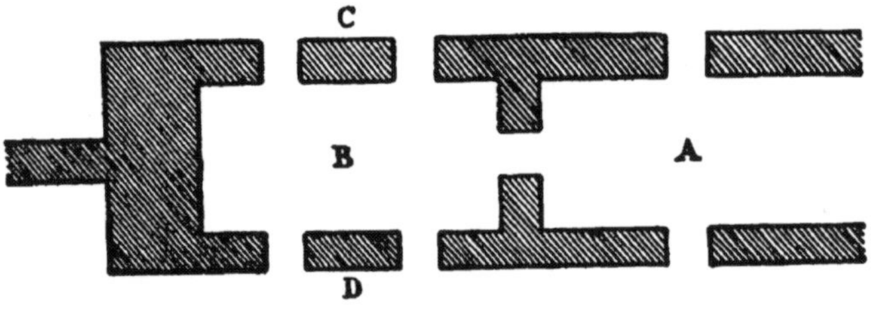

Hier bedeutet B die Insel, A das Land zwischen den beiden Flußarmen, C und D das Land rechts und links von diesen Flußarmen. Um das Jahr 1730 erhob sich nun eine Diskussion darüber, ob es möglich sei, einen Spaziergang in Königsberg so einzurichten, daß man alle 7 Brücken in irgendeiner Reihenfolge, jede aber nur einmal passiert. Man erkennt leicht, daß es unmöglich sein muß. Als Leonhard Euler, der berühmte Mathematiker des 18. Jahrhunderts, von diesem Problem hörte, verallgemeinerte er dasselbe, indem er statt der 4 Landflächen eine beliebige Anzahl setzte, zwischen denen Brücken und Wasserläufe in beliebiger Anordnung sich befinden. Er schrieb eine Abhandlung darüber, die er 1735 der Petersburger Akademie vorlegte. Da es bei dem Königsberger Problem und allen ähnlichen Problemen nicht auf die Größe der Landflächen und Brücken, sondern nur auf die *Vielfachheit der Zugänglichkeit* ankommt, so ersetzt man, um die Übersicht zu erleichtern, die Landflächen am besten durch Punkte und die Brücken durch Linien. Dadurch entsteht aus dem Problem der Königsberger Brücken das Problem, die folgende Figur in einem einzigen Zuge herzustellen, oder, was dasselbe ist, die 7 Linien der Figur ohne Unterbrechung so zu durchwandern, daß jede Linie einmal, aber auch *nur* einmal, passiert wird.

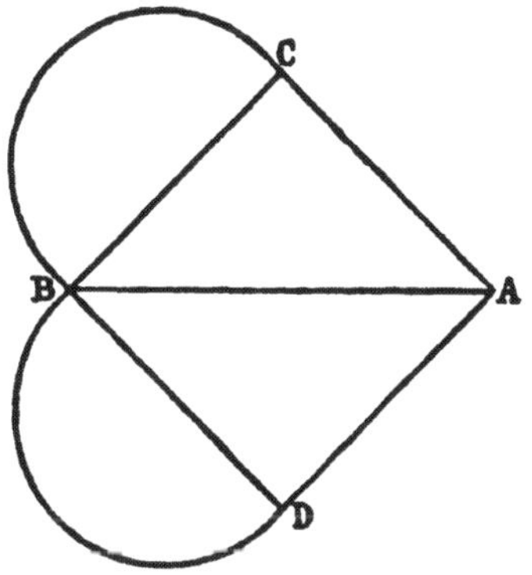

Aus diesem Problem sind die mannigfachen Aufgaben entstanden, welche verlangen, eine gewisse Figur in einem einzigen Zuge oder in einer vorgeschriebenen Anzahl von Zügen zu zeichnen, Aufgaben, welche gelegentlich in Unterhaltungs- und in Jugendzeitschriften auftreten. Die Lösung aller solchen Probleme gestaltet sich durch die folgende Überlegung äußerst einfach. Jeder Punkt, der nicht Anfangs- und nicht Endpunkt einer Durchwanderung der Figur ist, muß 2 oder 4 oder 6 oder überhaupt eine gerade Anzahl von Ausgängen haben, da man immer hinkommen und auch wieder fortkommen muß. Wenn also eine Figur keine Punkte mit einer ungeraden Anzahl von Zugängen besitzt, sondern wenn von jedem ihrer Punkte eine gerade Anzahl von Wegen ausgeht, so muß die Figur immer in einem einzigen Zuge herstellbar sein. Dabei kann jeder Punkt als Ausgangspunkt gewählt werden, muß aber zugleich Schlußpunkt werden, so daß sich bei einer solchen Figur in sich zurücklaufende Rundreisen einrichten lassen, bei denen jeder Punkt mindestens einmal besucht wird, jede Linie aber einmal und nur einmal durchwandert wird. Beispielsweise läßt sich jede der folgenden Figuren leicht auf mannigfache Weise in einem einzigen Zuge herstellen, weil alle Punkte immer eine gerade Anzahl von Ausgängen besitzen:

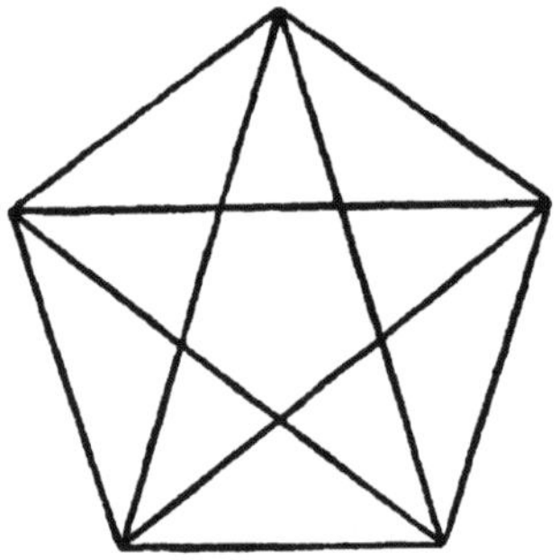

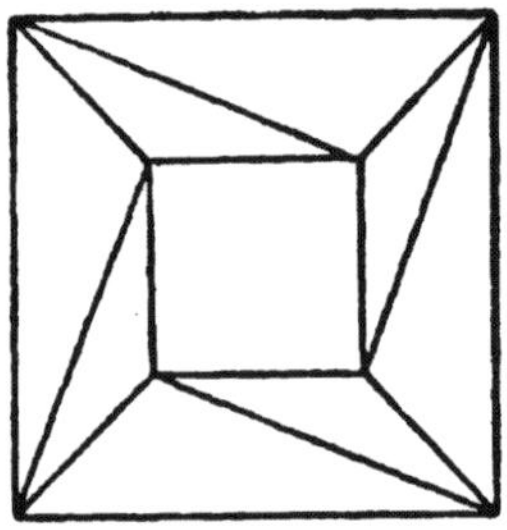

Was die Punkte mit einer *ungeraden* Anzahl von Ausgängen betrifft, so läßt sich zunächst einsehen, daß solche Punkte immer in gerader Anzahl vorhanden sein müssen. Um dies einzusehen, denke man sich auf jeden Punkt die Anzahl seiner Ausgänge hingeschrieben. Die Gesamtsumme der so erhaltenen Zahlen muß ergeben, wieviel *Linien* die Figur besitzt, wobei jedoch zu beachten ist, daß jede Linie dabei sowohl in ihrem einen wie in ihrem andern Endpunkte berechnet ist. Folglich ist jene Gesamtsumme das Doppelte der Anzahl aller Linien, also eine *gerade* Zahl. Von dieser geraden Zahl denke man sich alle geraden Zahlen abgezogen, welche bei verschiedenen Punkten der Figur stehen. Da durch diese Subtraktion wieder eine gerade Zahl entstehen muß, so ist hiermit bewiesen, daß die Summe der an Punkten der Figur stehenden ungeraden Zahlen immer eine gerade sein muß. Da man endlich von einer ungeraden Zahl immer eine gerade subtrahieren muß, um auf die Zahl 1 zu kommen, so folgt nun, daß die Anzahl der Punkte, die eine ungerade Anzahl von Ausgängen haben, *gerade* sein muß.

Betrachten wir nun zunächst eine Figur, welche außer Punkten, von denen eine gerade Anzahl von Wegen abführt, nur 2 Punkte besitzt, die eine ungerade Anzahl von Ausgängen haben. Dann kann keiner dieser Punkte Zwischenstation auf einer Wanderung über die Linien dieser Figur sein, weil man immer, nach Erreichung eines Punktes auf dem einen Wege, auf einem andern Wege ihn wieder verlassen muß, was nur bei einer geraden Anzahl von Zugängen erreichbar ist. Hieraus folgt, daß der eine der beiden Punkte mit ungerader Ausgangszahl Anfangsstation, der andere Endstation werden muß. Beispielsweise läßt sich die folgende Figur auf mehrfache Weise in einem einzigen Zuge herstellen, aber immer nur, wenn von den Punkten A und Z der eine Anfangspunkt, der andere Schlußpunkt wird:

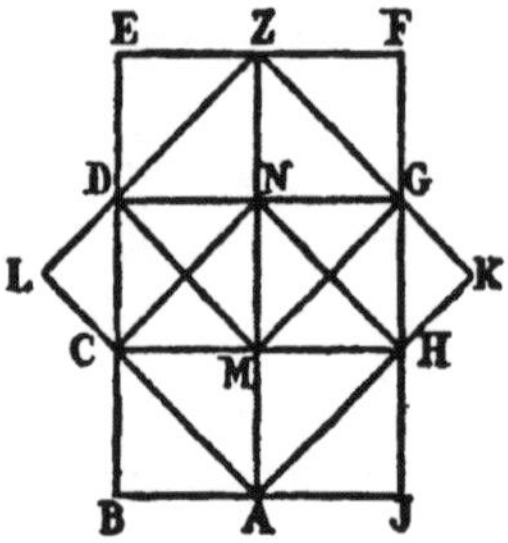

Eine der vielen möglichen Lösungen ist z. B. der folgende Zug:

ABCDEZFGHJAHKGZDLCAMCNDMNHMGNZ.

In derselben Weise erkennt man nun leicht, daß eine Figur, die 4 Punkte mit ungerader Ausgangszahl enthält, zwar nicht in einem einzigen Zuge, wohl aber in 2 Zügen gezeichnet werden kann, indem von den 4 Punkten 2 für den einen und 2 für den andern als Anfangs- und Schlußpunkt gewählt werden. Allgemein ergibt sich, daß jede Figur immer in so viel Zügen hergestellt werden kann, wie die *Hälfte* der Anzahl sämtlicher Punkte beträgt, von denen eine ungerade Anzahl von Wegen ausgeht. Wenn wir diese Regel auf das Problem der Königsberger Brücken anwenden, so haben wir zu beachten, daß von den 4 Punkten A, B, C, D der auf dieses Problem bezüglichen schematischen Figur B 5 Ausgänge hat, während jeder der 3 übrigen Punkte 3 Ausgänge hat; woraus zu schließen ist, daß die 7 Brücken von Königsberg nur auf *zwei* Wanderungen mit verschiedenen Anfangs- und Endpunkten passiert werden können, wenn es darauf ankommt, daß jede Brücke nur einmal betreten wird, z. B. auf den beiden Wanderungen CAB und DBCBDA.

Um ein weiteres Beispiel zu haben, betrachten wir die Figur des pythagoreischen Lehrsatzes mit dem Lot von A auf D E.

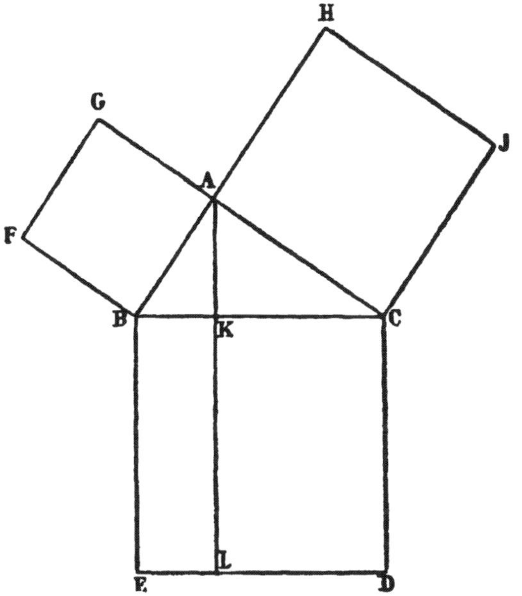

Da nur die Punkte A und L eine ungerade Anzahl von Ausgängen haben, so ist die Figur in einem einzigen Zuge zu zeichnen, wenn man bei A anfängt und bei L aufhört oder umgekehrt. Zum Beispiel stellt der Weg

LKAGFBELDCIHACKBA

die Figur in einem einzigen Zuge her.

Um endlich zu entscheiden, in wieviel Zügen die Figur des Schachbretts herzustellen ist, beachte man, daß von den 81 Punkten dieser Figur die 4 Ecken 2 Ausgänge und die 49 inneren Punkte je 4 Ausgänge haben, so daß bloß die 4 · 7 Punkte, welche am Rande liegen und nicht Ecken sind, als Punkte mit 3, also einer ungeraden Anzahl von Ausgängen übrigbleiben. Da 14 die Hälfte von 4 · 7 ist, so sind zur Herstellung der Figur des Schachbretts mindestens 14 Züge erforderlich.

Es entsteht noch die Frage, auf welche Weise bei einer vorliegenden Figur die Linien zu durchwandern sind, damit auch wirklich jede Linie einmal beschritten wird. Dies ist sehr einfach. Nachdem man sich die Punkte mit ungerader Ausgangszahl als Anfangs- und Schlußpunkte von Zügen gekennzeichnet hat, verbinde man zunächst jeden Anfangspunkt mit einem Schlußpunkt in irgendwelcher Weise. Dann bleiben nur noch Wege übrig, die in sich geschlossen sind. Es ist nun immer sehr leicht, diese in sich geschlossenen Wege mit in einen der schon gezeichneten ungeschlossenen Wege hineinzuziehen.

Von den verschiedenartigen Einkleidungen, die man den aus dem Problem der Königsberger Brücken hervorgegangenen Aufgaben gegeben hat, sind besonders zwei beachtenswert. Die erste Einkleidung setzt an die Stelle der Punkte Länder und an die Stelle der Linien zu überschreitende Grenzen

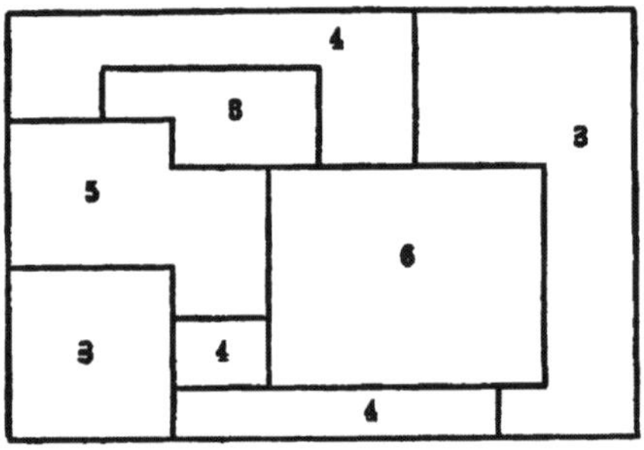

zwischen diesen Ländern. So würde ein Kontinent von 8 Ländern, die so zueinanderliegen, wie die 8 Flächenstücke der vorstehenden Figur, in 2 Wanderungen bereist werden können, wenn es darauf ankommt, daß jede Grenze zwischen 2 Ländern einmal überschritten wird. Daß mindestens 2 Wanderungen erforderlich sind, folgt daraus, daß 4 von den 8 Ländern eine ungerade Anzahl von Grenzen gegen andere Länder haben. In der Figur bedeutet die jedem Flächenstücke eingezeichnete Zahl, wieviel andere Flächenstücke dasselbe begrenzen.

Die zweite Einkleidung überträgt die in einer Ebene gedachten Resultate auf den Raum, indem sie an die Stelle von Punkten und Linien der Ebene Körper setzt, die aus Flächen, Kanten und Ecken sich zusammensetzen. Die Aufgabe besteht dann darin, sämtliche Kanten zu passieren, jede aber nur einmal. Dabei kann man als Stationen entweder die Ecken oder die Flächen auffassen. Je nachdem hat man dann zu überlegen, welche Ecken eine ungerade Anzahl von Kanten aussenden oder welche Flächen eine ungerade Anzahl von Seiten besitzen. Beispielsweise hat ein Würfel 8 Ecken, von denen jede 3 Kanten aussendet, und 6 Flächen, von denen jede 4 Kanten enthält. Daher können die 12 Kanten eines Würfels nicht in weniger als 4 Wanderungen beschritten werden, wenn man nur auf den Kanten wandert, also die Ecken als Stationen benutzt, um von einer Kante zu einer andern zu gelangen. Wenn man aber die Flächen zum Übergang von einer Kante zu einer andern benutzt, so ist nur eine Wanderung nötig, damit jede Kante einmal überschritten wird.

§ 28

HAMILTONSCHE RUNDREISEN

Im Jahre 1859 erschienen in London zwei Geduldspiele, die von dem berühmten Mathematiker Hamilton, dem Schöpfer der Quaternionentheorie, herrührten. Das eine Spiel hieß: „Die Reisenden auf dem Dodekaeder oder eine Reise um die Welt", das andere „Das Ikosaeder-Spiel". Beide Spiele

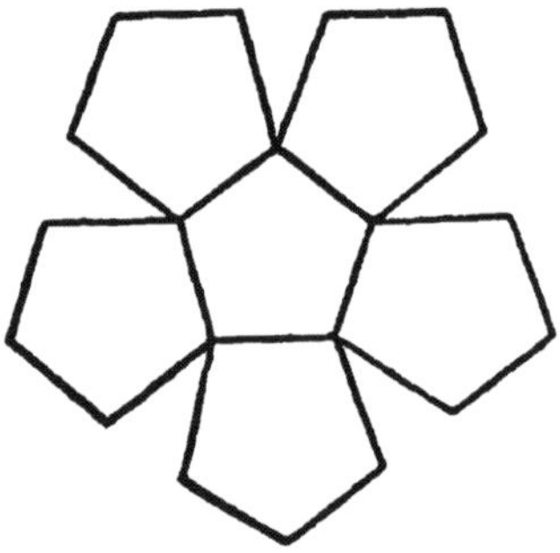

sind nicht wesentlich verschieden, sie ähneln äußerlich den in § 27 behandelten „Eulerschen Wanderungen", erweisen sich aber bei näherer Betrachtung als ganz verschieden von diesen. Das Dodekaeder-Spiel verlangt, durch Wanderung auf den Kanten eines regelmäßigen Dodekaeders dessen 20 Ecken zu erreichen, dabei jede Ecke nur einmal zu besuchen und schließlich auf den Ausgangspunkt zurückzukehren. Zur Vorstellung eines regelmäßigen Dodekaeders gelangt der Laie am einfachsten dadurch, daß er bei der folgenden Figur sich die äußeren 5 Fünfecke um die Kante des inneren Fünfecks nach oben umgebogen denkt und auf das so entstandene Kästchen sich ein genau ebenso geformtes Kästchen aufgesetzt denkt, und zwar so, daß ganz oben waagrecht das innere Fünfeck des zweiten Kästchens zu liegen kommt und daß die oberen Kanten des unteren Kästchens mit den unteren Kanten des oberen Kästchens zusammenfallen.

Der so entstehende Körper wird von 12 Fünfecken begrenzt, so daß 20 Ecken entstehen, von denen jede 3 Kanten und also auch 3 Flächen aussendet. Als Gesamtzahl aller Kanten ergibt sich 30. Da der Körper lauter gleiche Kanten und lauter gleiche Winkel zwischen 2 Flächen besitzt, so gehört er zu den 5 regulären Körpern. Das reguläre Ikosaeder, nach welchem das zweite von Hamilton angegebene Spiel benannt ist, wird von 20 gleichseitigen Dreiecken begrenzt, so daß 12 Ecken entstehen, von denen jede 5 Flächen und also auch 5 Kanten aussendet. Das Dodekaeder und das Ikosaeder stehen sich so gegenüber, daß immer der eine Körper sich bezüglich seiner Flächen so verhält wie der andere bezüglich seiner Ecken. Das Ikosaeder-Spiel verlangt, daß die 20 Flächen eines regulären Ikosaeders sämtlich besucht werden, jede aber nur einmal, und daß dabei der Übergang von einer Fläche zu einer benachbarten nur durch Überschreiten der gemeinsamen Grenzkante beider erfolgt. Wegen des oben angedeuteten Zusammenhangs zwischen Dodekaeder und Ikosaeder ist das Ikosaeder-Spiel, dem Wesen nach, von dem Dodekaeder-Spiel nicht verschieden. Wir besprechen daher im folgenden nur das Dodekaeder-Spiel. Da es unbequem ist, zur Ausführung der Wanderung auf dem Kantennetz eines regulären Dodekaeders immer das Modell eines solchen Körpers zur Hand zu nehmen, so ersetzen wir jenes Kantennetz durch eine ebene Figur, die die für das Spiel allein wesentlichen Eigenschaften der Dodekaederoberfläche auch besitzt. Weil es bei dem Spiel darauf ankommt, die 20 Ecken auf einer

Wanderung auf den Kanten sämtlich zu besuchen, dabei aber jede nur einmal, so kann das Spiel auch auf den Linien jeder Figur ausgeführt werden, die sich aus 20 Punkten und 30 Verbindungslinien so zusammensetzt, daß von jedem Punkte genau 3 Linien ausgehen, und daß diese Linien 12 Fünfecke begrenzen. Dabei können die Linien gerade oder krumm sein. Demgemäß ersetzen wir das Kantennetz des regulären Dodekaeders durch die folgende, leicht zeichenbare Figur.

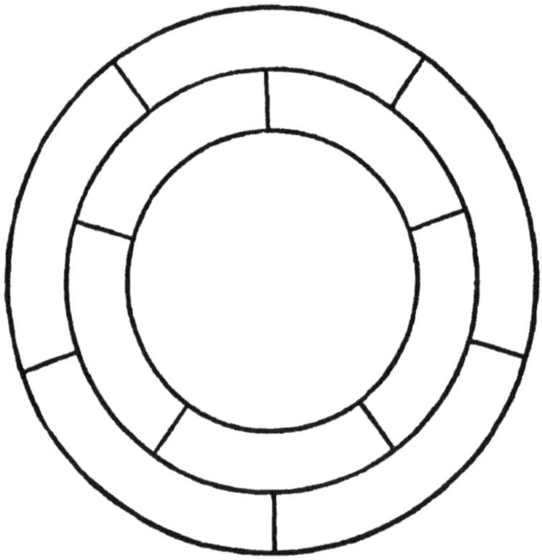

Die Figur besteht aus drei konzentrischen Kreisen, von denen der mittlere sowohl mit dem inneren wie mit dem äußeren durch je 5 gerade Querstrecken verbunden ist. Wie die Oberfläche des Dodekaeders enthält diese Figur in 12 Fünfecken 20 Punkte, die durch 30 Linien miteinander verbunden sind, wobei jeder Punkt 3 Linien aussendet. Es wird nach einigen Versuchen immer leicht gelingen, die Linien unserer Figur sich so durchwandert zu denken, daß jeder Punkt einmal besucht wird und der Schlußpunkt mit dem Ausgangspunkt zusammenfällt. Hamilton stellte aber von vornherein die weitere Forderung, daß die ersten 5 Stationen vorgeschrieben sein sollen. Bei dieser Beschränkung ist das Problem auf 2fache oder auf 4fache Weise lösbar, je nach der Wahl der ersten 5 Stationen (s. Fig.).

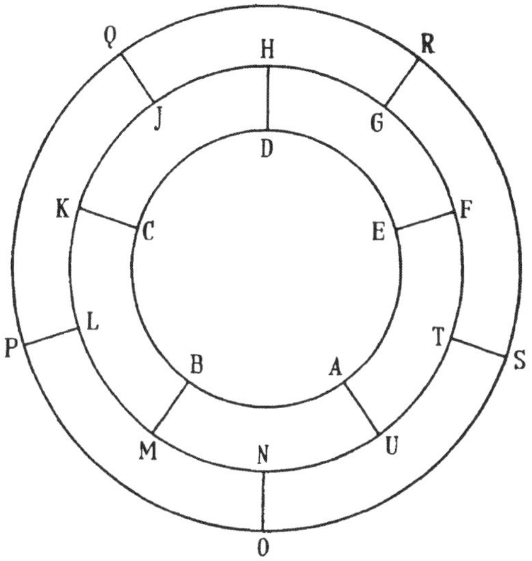

Sind z. B. in der vorstehenden Figur A, B, C, D, E die ersten 5 Stationen, so ergibt die weitere Wanderung FGHJKLMNOPQRSTUA eine naheliegende Lösung.

Ein zweites Problem, das Hamilton stellte, schrieb die ersten 3 Stationen und die nicht mit der Anfangsstation identische Schlußstation willkürlich vor, hielt aber sonst an der grundlegenden Forderung fest, daß jede Station nur einmal besucht werden dürfe. Dieses zweite Problem führt zu 0, 1, 2, 4 oder 6 Lösungen, je nach der Wahl der gegebenen 4 Stationen. Beispielsweise hat das Problem nur eine einzige Lösung, wenn A, B, C als Anfangsstationen, Q als Schlußstation gegeben ist. Diese Lösung lautet:

ABCDEFTUNMLKJHGRSOPQ.

Sind dieselben Anfangsstationen, aber eine andere Schlußstation vorgeschrieben, so ergeben sich 2, 4 oder 6 Lösungen, ausgenommen, wenn K, D, F, P, M, N, T Schlußstationen sind. Dann hat das Problem nämlich gar keine Lösung.

Eine dritte Modifikation, die Hamilton dem Problem gab, nahm mehrere aufeinanderfolgende Anfangsstationen als gegeben an und verlangte dann, daß nach einer vorgeschriebenen Anzahl von folgenden Stationen es *unmöglich* werde, weiterzureisen, ohne daß die Vorschrift, jede Station nur einmal zu besuchen, verletzt werde. Wenn z. B. T, S, R, Q 4 gegebene Anfangsstationen sind und dann verlangt wird, daß nach 6 weiteren Stationen die Fortsetzung der Reise unmöglich werde, so ergibt sich die eine Lösung:

TSRQJHDEFG.

Endlich bestand eine vierte Modifikation des Geduldspiels darin, daß eine vorgeschriebene Station bei der Reise ausgeschlossen sein sollte. Wenn z. B. A, B, C die ersten 3 Stationen, D die letzte Station sein sollen, und wenn außerdem der Ort M ausgeschlossen sein soll, so ergeben sich 2 Lösungen, von denen die eine heißt:

ABCKLPQJHGRSONUTFED.

Die ursprüngliche Fassung des Problems verlangte jedoch nicht derartige erschwerende Bedingungen, sondern nur, daß jede Station einmal besucht werden solle und daß die Reise nach dem Ausgangspunkt zurückkehre. Das so gefaßte Problem läßt eine elegante mathematische Behandlung zu, die schon Hamilton selbst in der Versammlung der British Association vom Jahre 1857 gab, und die auf folgenden Überlegungen beruht: Wenn man irgendeine Station erreicht hat, so bieten sich immer zwei Wege zur Weiterreise dar, weil die Station im ganzen drei Ausgänge hat. Von diesen beiden Wegen muß bezüglich der Richtung, in der man die Station erreicht hat, der eine Weg rechts, der andere links abgehen. Wählt man den Weg rechts, so sei dies mit r bezeichnet, während das Linksweiterreisen durch l ausgedrückt werde. In dieser Weise kann jede Rundreise durch 20 Buchstaben ausgedrückt werden, welche entweder r oder l heißen. Beispielsweise müßte die oben zuerst erwähnte Rundreise, bei welcher die Buchstaben in alphabetischer Reihenfolge erscheinen, so ausgedrückt werden:

rrrlllrlrlrrrlllrlrl.

Da der Schlußpunkt immer mit dem Anfangspunkt identisch sein soll, so kann man aus dieser mit rrr beginnenden Reihenfolge beliebige andere Reihenfolgen ableiten, indem man an beliebiger Stelle anfängt und den ersten Buchstaben als auf den letzten folgend ansieht. Ebenso kann man auch jede solche Reihenfolge in umgekehrter Richtung lesen. In solcher Weise kann man, wie Hamilton bewiesen hat, aus dieser einen als richtig erkannten Lösung jede sonst noch vorhandene Lösung ableiten. Wenn nämlich die 5 Anfangsstationen beliebig gegeben sind, so ist aus ihnen die Richtung zu entnehmen, die man beim Verlassen der zweiten, dann der dritten, endlich der vierten Station jedesmal einschlagen muß. Es kann nämlich nur einer von den folgenden 8 auf die ersten 5 Stationen bezüglichen Fällen eintreten:

rrr, rrl, rlr, rll, lrr, lrl, llr, lll.

Alle diese Anordnungen sind aber aus der obigen mit rrr beginnenden Reihenfolge als Anfänge von einer Reihenfolge zu entnehmen, und zwar erkennt man, daß mit rrr die obige und die genau umgekehrte Reihenfolge beginnen. Dadurch, daß man mit dem auf die Mitte folgenden rrr anfängt, erhält man keine neue Reihenfolge, sondern die alte nochmals, weil die zweite Hälfte der ersten Hälfte genau kongruent ist. Die beiden erhaltenen, mit rrr beginnenden Reihenfolgen ergeben unmittelbar die beiden Lösungen des Problems, welche möglich sind, wenn die 5 Anfangsstationen in der durch rrr angedeuteten Folge liegen. Wenn zweitens rrl der Anfang ist, so ergeben sich wiederum 2 Reihenfolgen, woraus sich die beiden Lösungen ergeben, die möglich sind, falls die 5 Anfangsstationen in ihrer Lage dem Symbol rrl entsprechen, wie z. B. ABCDH. Ebenso gibt es auch 2 mit rll beginnende Reihenfolgen. Und da durch Vertauschung von r und l der anfängliche Zyklus in seine Umkehrung übergeht, so verhält sich lll wie rrr, llr wie rll und lrr wie rll. Es bleiben daher nur noch die Anfänge rlr und lrl übrig, welche sich wieder gleich verhalten, und von denen jeder zu 4 Lösungen führt. Den 4 mit rlr beginnenden Lösungen entsprechen z. B. die 5 Anfangsstationen A, B, C, K, J und die 4 Rundreisen:

1. ABCKJQRGHDEFTSOPLMNUA;
2. ABCKJHDEFGRQPLMNOSTUA;
3. ABCKJQRSOPLMNUTFGHDEA;
4. ABCKJQPLMNOSRGHDEFTUA.

Aus der Lage der gegebenen 5 Anfangsstationen läßt sich also sofort entnehmen, ob 2 oder 4 Rundreisen möglich sind. Aus unserm anfänglichen Zyklus

rrrlllrlrlrrrlllrlrl

kann man auch erkennen, in welchen Fällen eine Rundreise mit 6 oder noch mehr gegebenen Anfangsstationen gelingt. Bei 6 gegebenen Stationen handelt es sich darum, ob man sich beim Passieren der 4 mittleren Stationen so wendet, daß die 4 Wendungen in dem obigen vorwärts oder rückwärts gelesenen Zyklus vorkommen. Aus den Buchstaben r und l lassen sich aber 16 Folgen zu je vieren zusammenstellen, von denen 12 in unserm Zyklus vorkommen, 4 aber nicht. Diese 4 sind:

rrrr, rllr, lrrl, llll.

Von diesen 4 Folgen können rrrr und llll naturgemäß

nicht vorkommen, da sie sich auf die Umwanderung eines Fünfecks beziehen, so daß als sechste Station wiederum die erste Anfangsstation auftritt. Es bleiben also nur noch die Fälle rllr und lrrl als solche übrig, bei denen eine Rundreise unmöglich ist. Der erste dieser Fälle tritt z. B. ein, wenn A, B, C, K, L, P als die ersten 6 Stationen vorgeschrieben sein sollten. Man sieht die Unmöglichkeit einer so beginnenden Rundreise auch daran, daß bei einem derartigen Reiseanfang die Station M nicht wieder verlassen werden könnte. Denn von ihren drei Nachbarn B, L, N sind B und L schon vorher passiert, so daß man also zu M nur von N aus gelangen könnte, ohne dann die Möglichkeit einer Weiterreise zu haben.

Aus unserm Zyklus ergibt sich auch sehr leicht die Anzahl der möglichen Rundreisen in den Fällen, wo weniger als 5 Anfangsstationen gegeben sind. Wieviel Lösungen immer bei einer vorgeschriebenen Anzahl von Anfangspunkten möglich sind, zeigt folgende Tabelle:

Anfangspunkte:	Lösungen:
8, 9, 10	1 oder 0;
7	2 oder 1 oder 0;
6	3 oder 2 oder 1 oder 0;
5	4 oder 2;
4	6 oder 4;
3	10;
2	20;
1	30.

Es entsteht nun die Frage, ob die Hamiltonsche Methode, welche ja aus einer Lösung alle Lösungen leicht ergibt, auch imstande ist, von vornherein eine Lösung theoretisch zu entwickeln. Die Bejahung dieser Frage erkennt man aus gewissen Relationen, die zwischen den Gruppierungen der Buchstaben l und r aus der Natur der zugrunde gelegten aus 12 Fünfecken bestehenden Figur fließen. Man ersieht daraus leicht, daß man immer zu demselben Ausgangspunkt zurückkommt, gleichviel, ob man zweimal nacheinander links geht oder erst rechts, dann dreimal links und endlich wieder rechts. So gelangt man, von U kommend, über A und B nach M, indem man zweimal links geht. Man gelangt aber auch über A, E, D, C, B nach demselben Punkt M, wobei man erst rechts, dann dreimal links und zuletzt rechts geht. Man kann diese Erscheinung symbolisch so ausdrücken:

$$\mathrm{ll} = \mathrm{rlllr}.$$

Ebenso überzeugt man sich auch von der Richtigkeit der folgenden Gleichung:

$$\mathrm{lrl} = \mathrm{rllr}.$$

Aus diesen beiden Relationen gehen noch zwei weitere dadurch hervor, daß man r und l miteinander vertauscht. Diese Relationen kann man nun verwenden, um aus einer selbstverständlichen Rundreise über nur 5 Stationen die auf alle 20 Stationen bezüglichen Zyklen abzuleiten. Wenn man den Umfang eines der Fünfecke, aus denen sich unsere Figur zusammensetzt, umkreist, so kehrt man zum Anfangspunkt zurück, indem man entweder fünfmal nacheinander links oder fünfmal rechts umbiegt. Diese Tatsache nehmen wir als Ausgangspunkt. Dann erhalten wir bei fortwährender Benutzung der Relation ll = rlllr die folgende theoretische Abteilung eines Zyklus:

$$\begin{aligned} (\mathrm{ll})\,\mathrm{lll} &= (\mathrm{rlllr})\,\mathrm{lll} \\ &= (\mathrm{rrlllrlr})\,(\mathrm{rlllrl}) \\ &= (\mathrm{rrrlllrlrlr})\,(\mathrm{rrlllrlrl}) \\ &= \mathrm{rrrlllrlrlrrrlllrlrl}. \end{aligned}$$

Von welcher Relation man auch ausgehen mag und wie man auch die Substitutionen vornehmen mag, man gelangt, sobald man 20 Buchstaben erzielt hat, immer zu einer Folge, die sich von der eben gefundenen entweder nur dadurch unterscheidet, daß sie an einer anderen Stelle anfängt, aber zyklisch mit ihr identisch ist, oder, daß sie rückwärts statt vorwärts läuft. Damit steht im Einklang, daß es keine anderen Lösungen gibt als die, welche aus unserm Zyklus hervorgehen.

Außer Hamilton selbst hat auch der französische Artillerieoffizier Hermary Methoden angegeben, die zu allen Lösungen des Hamiltonschen Problems führen, deren Mitteilung jedoch hier zuviel Raum kosten würde.

Es liegt nahe, das Hamiltonsche Rundreiseproblem auf andere aus Punkten und Linien in beliebiger Weise zusammengesetzte Figuren auszudehnen und die Behandlung anderer Aufgaben auf das so verallgemeinerte Problem zurückzuführen. So kann z. B. die Frage nach den Rösselsprüngen des Schachbretts, welche uns im nächsten Paragraphen beschäftigen wird, als ein solches Rundreiseproblem aufgefaßt werden. Man braucht zu dem Zwecke nur die 64 Felder des Brettes durch 64 Punkte zu ersetzen und immer 2 Punkte, zwischen deren entsprechenden Feldern ein Springerzug möglich ist, zu verbinden, um eine Figur zu erhalten, durch welche die Aufsuchung von Rösselsprüngen auf das verallgemeinerte Hamiltonsche Rundreiseproblem zurückgeführt werden kann. Da wir diesen Gedanken im nächsten Paragraphen wieder aufnehmen wollen, soll hier zunächst gezeigt werden, wie man das Rundreiseproblem in seiner allgemeinsten Form in Angriff nehmen kann.

Nehmen wir an, auf einer Figur sei eine Rundreise bekannt, z. B. der Kreis der beigefügten Figur (s. S. 226), und beginnen wir mit der Frage: Woran erkennen wir, ob die übrigen Linien der Figur CQ, FR, GO und SN noch weitere Rundreisen ermöglichen und wie diese verlaufen? Stellen wir diese Frage zuerst für CQ allein und verlassen also unseren Kreis in Q, um auf CQ nach C weiterzuschreiten. Wir können von dort aus unsere Reise über B oder über D weiter fortsetzen. Dadurch scheidet aber entweder CD oder BC aus der Rundreise aus, einer der Punkte B und D behält nur noch einen Ausgang, und es kann deshalb keine Rundreise entstehen. Dasselbe findet statt, wenn wir die ursprüngliche Rundreise bei C verlassen, um auf CQ nach Q weiterzugehen. CQ vermag also keine neue Rundreise zu liefern. Anders ist es mit den Linien FR, GO und SN. Von E herkommend wollen wir in F aus der ursprünglichen Rundreise heraustreten, um auf FR nach R

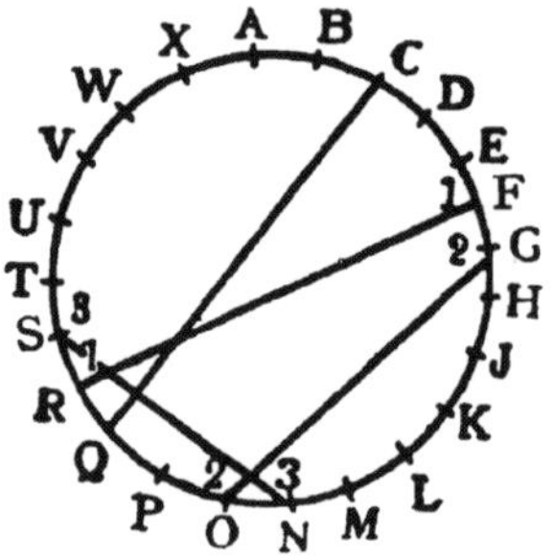

weiterzuschreiten. Hier wenden wir uns über Q und P nach O, können über OG nach G gelangen, von dort aus in der Richtung über H den Punkt N erreichen und schließlich mit Benutzung von NS über T, U.. nach E und F zurückgelangen und damit eine zweite Rundreise schließen. Der Grund für das Zustandekommen dieser zweiten Rundreise ist darin zu suchen, daß die Punkte F, G; N, O und Q, R, an welchen die Linien FR, GO und SN aus der ursprünglichen Rundreise heraustreten, in dieser ersten Rundreise zu je zwei aufeinanderfolgen. Hätte man nämlich auch nur eine dieser Linien geändert, z. B. die Linie von O nicht nach G (oder E), sondern nach irgendeinem anderen F nicht benachbarten Punkt der ersten Rundreise gezogen, etwa nach J, so hätte man, nachdem von O aus J erreicht war, weder nach H noch nach K hin die Rundreise fortsetzen können, weil sonst entweder K oder H seinen zweiten Ausgang verlieren würde. Es wäre also für diese geänderte Linie der Fall CQ eingetreten und die neue Rundreise nicht zustande gekommen. Durch Verallgemeinerung kommt man so zu der wichtigen Erkenntnis:

Die Linien, auf welchen man die ursprüngliche Rundreise verläßt, führen nur dann zu einer neuen Rundreise, wenn immer je zwei derselben von solchen Punkten abzweigen, die auf der Ausgangsrundreise aufeinanderfolgen.

Diese Bedingung muß zwar erfüllt sein, sie ist aber nicht hinreichend.

Denn wenn sie zutrifft, können die neuhinzugefügten Linien auch mehrere voneinander getrennte Rundreisen ergeben, wie schon das einfache Beispiel der folgenden Figur zeigt.

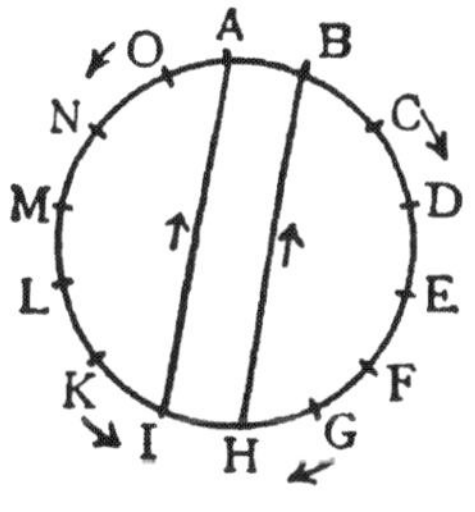

Der Kern unseres Verfahrens zur Auffindung neuer Rundreisen besteht darin, daß man die ursprüngliche Rundreise in Stücke zerlegt und diese dann mittels der hinzutretenden Verbindungslinien in anderer Weise wieder zusammenfügt. Es ist deshalb gar nicht nötig, daß man von einer fertigen Rundreise ausgeht. Man kann auch von mehreren getrennten Rundreisen oder sogar von mehreren ungeschlossenen Linienzügen ausgehen. So kann man beispielsweise bei den Hamiltonschen Rundreisen verfahren, wenn man auf der Figur von S. 219 die 10 Querstrecken, durch welche die drei konzentrischen Kreise verbunden sind, zunächst einmal ganz streicht. Soll irgendeine Rundreise entstehen, so unterbrechen wir zuerst den äußeren konzentrischen Kreis an zwei nebeneinanderliegenden Punkten, z. B. Q und R, und fügen dementsprechend die Verbindungsstrecken QJ und RG wieder in die Figur ein. Dadurch ergeben sich die Punkte G und J als Unterbrechungsstellen des mittleren Kreises. Da sie nicht nebeneinander liegen, muß dieser Kreis noch an zwei weiteren Punkten unterbrochen werden, von denen der eine auf dem Kreise neben G, der andere neben J liegen muß, z. B. an den Punkten K und H. Damit sind auch die Linien KC und HD wieder nötig geworden, und da diese zu den auf dem innersten konzentrischen Kreis nebeneinanderliegenden Punkten C und D führen, so ist dadurch eine Hamiltonsche Rundreise gegeben, die folgenden Verlauf nimmt:

QPOSRGFTUNMLKCBAEDHJQ.

Um diese Betrachtungen übersichtlicher zu gestalten und zu gleicher Zeit die Möglichkeit einer Notierung ihrer Ergebnisse zu schaffen, empfiehlt es sich, die zu der ursprünglichen Figur hinzutretenden Linien mit Ziffern zu versehen und diese Ziffern an die Endpunkte der Linien zu setzen. So erhielten die Punkte F und R des Kreises die Ziffer 1, G und O die Ziffer 2, N und S die Ziffer 3. Durchläuft man nun von irgendeinem Punkt aus die Ausgangsrundreise etwa im Uhrzeigersinn und notiert dabei der Reihe nach die Ziffern, welche man an ihren Punkten trifft, so erhält man in unserem Falle die Notierung

1,2 —— 3,2 —— 1,3;

bei welcher die Stücke GH...N und O...R der ersten Rundreise durch einen waagerechten Strich ersetzt sind, S, T...F aber als Verbindungsstrich zwischen den beiden äußersten Ziffern 1 und 3 hinzuzudenken ist. Die Notierung läßt sogleich erkennen, daß hier eine neue Rundreise gewonnen ist: man braucht nur von irgendeiner Ziffer aus über den Strich zu einer zweiten, von dieser zu der ihr gleichen, sodann wieder über den Strich zu einer dritten usw. überzugehen, um so schließlich nach Durchlaufen aller Ziffern auf die erste zurückzukommen.

Betrachten wir die folgende Figur, so stoßen wir zur Beantwortung der Frage, ob auf ihr eine Rundreise existiert,

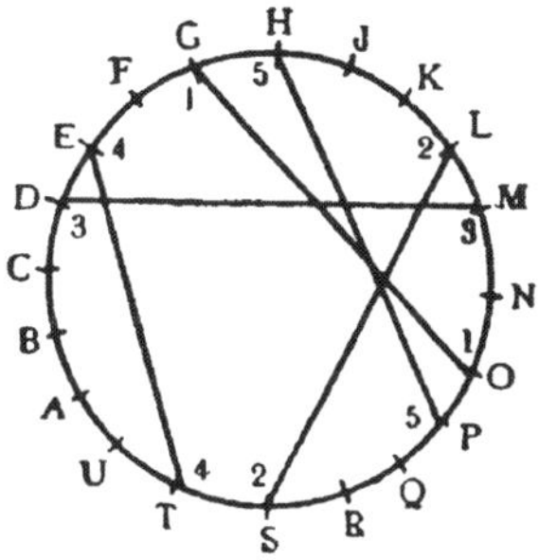

welche die 5 Linien ET, DM, GO, HP und LS alle in sich schließt, auf die Notierung

3,4 —— 1,5 —— 2,3 —— 1,5 —— 2,4.

Sie gibt an, daß man auf dieser Figur von 3 auf 4, von 4 auf 1 und von 1 wieder auf 3 zurückgeführt wird, während die Ziffern 2 und 5 eine zweite von dieser ersten getrennte Rundreise anzeigen.

Wir haben hiermit eine Methode skizziert, welche zur Aufsuchung von Rundreisen auf ganz beliebig gestalteten Figuren oder Körpern Verwendung finden kann. Im folgenden Paragraphen wollen wir von ihr bei der Herstellung von Rösselsprüngen Gebrauch machen.

§ 29

RÖSSELSPRÜNGE

A. EINLEITENDES

Die Aufgaben, welche in den Unterhaltungszeitschriften unter dem Namen Rösselsprung vorgelegt werden, verlangen vom Leser, 64 Silben, die in die 64 Felder einer Schachbrettfigur eingeschrieben sind, derartig zusammenzustellen, daß erstens je zwei Silben, die der Leser aufeinanderfolgen läßt, auf dem Schachbrett in zwei Feldern stehen, zwischen denen beim Schachspiel der Springer springen darf, und daß zweitens die nach diesem Prinzip vom Leser gefundene Silbenfolge einen Sinn gibt, gewöhnlich sogar ein kleines gereimtes Gedicht liefert. Ehe wir auf diese Aufgaben und die schwereren umgekehrten Aufgaben, die verlangen, richtige Rösselsprünge zu *schaffen*, näher eingehen, müssen wir, zur Verdeutlichung der folgenden Erörterungen, einige Erklärungen vorausschicken.

Für diejenigen von unseren Lesern, denen nicht vom Schachspiel her die Gangart des Springers bekannt ist, wollen wir diese zuerst an der nachstehenden Figur erklären. Auf

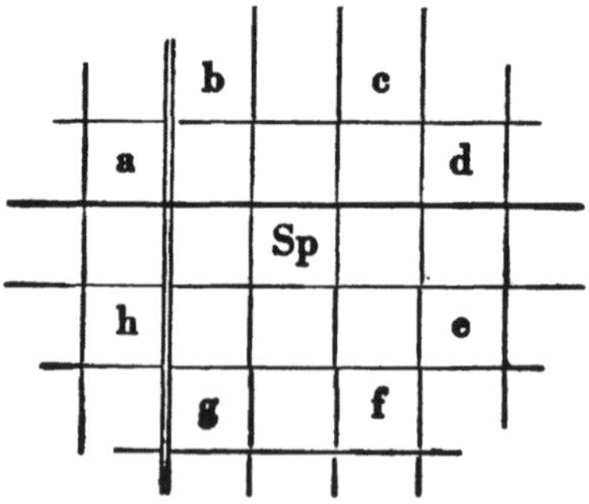

dem mit Sp bezeichneten Feld befinde sich ein Springer. Dieser kann dann im nächsten Zug irgendeins der mit a, b...h beschriebenen Felder erreichen, falls diese alle auf dem Brett vorhanden sind. Verläuft z. B. der Brettrand längs der verdoppelten Geraden, so kommen dadurch die Felder a und h in Fortfall, und wird ein zweiter Brettrand durch die verstärkte Gerade dargestellt, so bleiben für den Springer nur die Felder e, f und g übrig. Von zwei Feldern, zwischen denen sich der Springer in dieser Weise bewegen darf, wollen wir sagen, daß sie „sich rösseln". Die Bewegung zwischen zwei sich rösselnden Feldern heiße ein Sprung.

Das Rösselsprungproblem besteht nun in der Aufgabe, in die 64 Felder des Schachbretts die 64 Zahlen von 1 bis 64 derartig einzuschreiben, daß zwei Felder, die aufeinanderfolgende Zahlen enthalten, sich rösseln. Ersetzt man dann noch die Zahlen von 1 bis 64 durch 64 Silben, die in ihrem Zusammenhange einen Sinn geben, so entsteht die Aufgabe, nun umgekehrt die 64 Silben so abzulesen, daß die 64 Silben den gewünschten Sinn liefern, wobei der Löser einer solchen Aufgabe in fortwährendem Zweifel ist, welchen der verschiedenen noch möglichen Sprünge er von dem zuletzt betretenen Felde zu machen

gend	sprach	ter	Zeit	Der	ruft	in	Al
Va	te	nicht	ter	mei	Der	Va	nach
du	Ju	es	schon	Man	sagt	ter	war's
auch	zum	gu	ner	va	So	dir	ter
ter	Zeit	Es	klagt	chen	Her	es	spricht
nach	ter	sprach's	o	Sohn	und	so	mit
te	va	Das	spre	um	Brauch	ze	so
Al	zu	al	Groß	leib	zum	dich	der

hat, einem Zweifel, der zu Anfang und bei den 16 Mittelfeldern, deren jedes 8 Felder rösselt, am meisten Verlegenheit bereitet. Von einer solchen Rösselsprungaufgabe geben wir auf S. 231 ein Beispiel.

Die Lösung dieser Rösselsprünge wird in den Unterhaltungszeitschriften meist in Form eines Diagramms gegeben, d. h. es werden die Mitten der aufeinanderfolgenden Felder durch gerade Linien verbunden. Man kann jedoch die Lösung auch so geben, daß man die im Rösselsprung aufeinanderfolgenden Felder der Reihe nach mit den Zahlen 1 bis 64 besetzt. Hier folgt die Lösung des obigen Rösselsprungs in beiderlei Form:

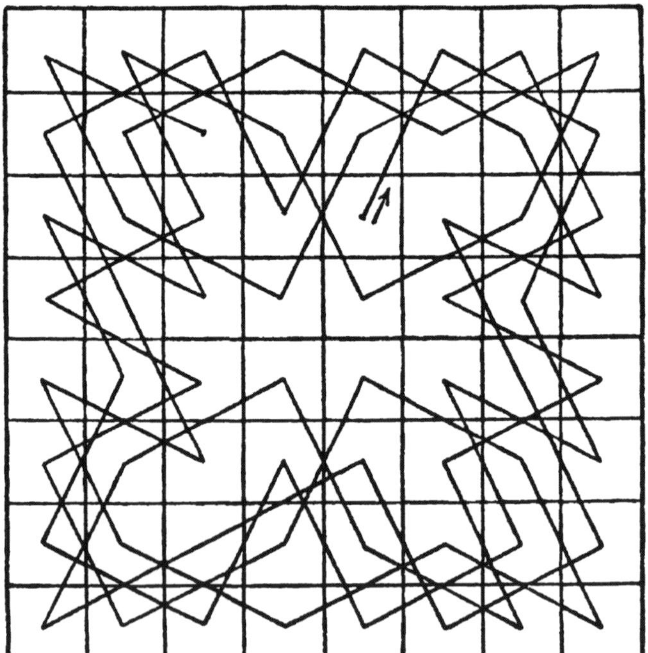

63	22	39	16	41	2	59	18
38	15	64	21	60	17	42	3
13	62	23	40	1	44	19	58
24	37	14	61	20	57	4	43
35	12	25	52	29	6	45	56
26	51	36	9	48	55	30	5
11	34	49	28	53	32	7	46
50	27	10	33	8	47	54	31

Ungleich mehr Geduld als zur Lösung solcher Rösselsprungaufgaben ist erforderlich, wenn man auch nur einen richtigen Rösselsprung *formieren* will. Beginnt man nämlich, von einem beliebigen Anfangsfelde aus die Zahlen von 1 an nach der Regel des Springerzuges in die Felder einzuschreiben, so wird man bald finden, daß gewisse Felder leer bleiben, zu denen man nie gelangen kann, weil die Felder, von denen aus sie erreichbar sind, schon besetzt sind. Versucht man zu ändern, so bleiben wieder andere nicht mehr erreichbare Felder leer, und erst nach langen Mühen wird man zu einem richtigen Rösselsprunge gelangen. Es gibt jedoch Methoden, durch welche man leicht auf richtige Rösselsprünge geführt wird, und von diesen sollen im folgenden einige besprochen werden.

B. METHODE EULERS

In der Literatur kommt das Problem, die 64 Felder durch die Zahlen von 1 bis 64 nach der Regel des Springerzuges zu besetzen, zuerst im 15. Bande der Memoiren der Berliner Akademie (1759) vor. Dort erzählt der hervorragende Mathematiker des 18. Jahrhunderts, Leonhard Euler, daß die Aufgabe in einer Gesellschaft von jemand vorgetragen sei, dem es zugleich gelang, von jedem Felde als Anfangsfeld aus das Problem zu lösen. Euler fand Interesse an der Aufgabe und beschäftigte sich vor allem mit der Frage, wie man einen mißlungenen Lösungsversuch so abändern kann, daß schließlich ein richtiger Rösselsprung daraus hervorgeht. Er benutzte dabei eine von dem Genfer Mathematiker Bertrand herrührende Anregung, welcher ihm mitteilte, wie man aus einem über die 64 Felder des Schachbretts sich erstreckenden Rösselsprung durch mannigfache Abänderungen andere richtige Lösungen ableiten kann.

Wir gehen beispielsweise von dem folgenden Rösselsprung aus:

34	21	52	9	36	19	54	7
51	10	35	20	53	8	37	18
22	33	12	61	28	45	6	55
11	50	29	44	13	62	17	38
32	23	60	63	46	27	56	5
49	64	43	30	59	14	39	16
24	31	2	47	26	41	4	57
1	48	25	42	3	58	15	40

Da hier das mit 11 besetzte Feld das Schlußfeld 64 rösselt, so kann man alle Felder auch in der Weise mit dem Springer durchwandern, daß man nach Aufsuchung der Felder 1 bis 11 sogleich auf 64 überspringt und nun die Felder 63, 62 usw. in der umgekehrten Richtung folgen läßt, die sie beim ersten Rösselsprung hatten, wobei man schließlich auf Feld 12 als Endfeld gelangt. Da ebenso das Feld 47 sich mit dem Feld 64 rösselt, so kann man auch wie in obiger Figur von Feld 1 bis 47 weiterschreiten, dann auf 64 übergehen und von hier rückwärts nach Feld 48 als Endfeld gelangen. Dieses Verfahren läßt sich dadurch beliebig fortsetzen, daß irgendein das neugewonnene Schlußfeld rösselndes Feld geradeso behandelt wird, wie oben die Felder 11 oder 47 behandelt wurden. Ja, es läßt sich sogar auf solche Weise erzielen, daß *irgendein vorgeschriebenes geradzahliges Feld Schlußfeld wird.* Um dies deutlich erkennen zu lassen, wollen wir jedes der 64 Felder des Schachbretts mit derjenigen Zahl bezeichnen, die in unserer obigen Figur hineingesetzt ist. Dann läßt sich der erste von den beiden abgeleiteten Rösselsprüngen kurz so bezeichnen:

1 bis 11, 64 bis 12.

Da das neue Schlußfeld 12 das Feld 53 rösselt, so folgt hieraus wieder der Rösselsprung:

1 bis 11, 64 bis 53, 12 bis 52.

Hieraus entsteht, weil das Feld 52 das Feld 33 rösselt:

1 bis 11, 64 bis 53, 12 bis 33, 52 bis 34

usw.

Um nun z. B. das mit 40 bezeichnete Feld rechts unten zum Schlußfeld zu machen, beachte man die Springerzugfolge:

64 — 29 — 30 — 41 — 40

und gestalte demgemäß den ursprünglichen Rösselsprung auf folgende Weise um:

1. 1 bis 29, 64 bis 30;
2. 1 bis 29, 64 bis 41, 30 bis 40;

wodurch die gestellte Bedingung, daß das mit 40 besetzte Feld Schlußfeld werden soll, auf kürzeste Weise erfüllt ist. Man erkennt leicht, daß man sogar auf äußerst mannigfaltige Weise einen vorliegenden Rösselsprung in einen anderen mit vorgeschriebenem Schlußfeld verwandeln kann, und ferner, daß man auf ebensolche Weise auch jedes Feld zum Anfangsfeld machen kann, weil man bei der vorherigen Betrachtung jeden Gang des Springers genau rückwärts lesen kann.

Diese von Bertrand herrührende Methode, einen Rösselsprung so umzuformen, daß ein anderes Feld Schluß- oder Anfangsfeld wird, bildet die Grundlage für die Eulersche Lösung der für die Herstellung von Rösselsprüngen wichtigen Aufgabe, *eine durch den Springer erfolgte Felderbesetzung, die noch etliche nicht mehr erreichbare Felder leer gelassen hat, so zu verwandeln, daß die leeren Felder ausgefüllt werden und ein richtiger Rösselsprung entsteht.* Um die Lösung dieser Aufgabe zu verdeutlichen, nehmen wir an, es sei gelungen, 60 Felder des Schachbretts nacheinander durch Springerzüge zu bedecken, es seien aber dabei 4 Felder leer und unerreichbar geblieben. Die Anordnung, auf die man gestoßen ist, sei S. 237 gegeben, wobei die leer gebliebenen Felder mit den Buchstaben a, b, c und d besetzt sind.

Hier kann man nun die Folge der Felder von 1 bis 60, durch welche der Springer geführt ist, geradeso wie oben die Folge von 1 bis 64, in eine andere verwandeln, in welcher dieses Mal das Anfangsfeld ein vorgeschriebenes geradzahliges ist. Als dieses wählen wir das Feld 18, weil sich die Felder c, b und a daran anschließen lassen, und besetzen dementsprechend Feld a mit 1, Feld b mit 2 und Feld c mit 3, worauf wir die Felder 18, 17 bis 1 umnumerieren in 4 bis 21.

38	13	36	a	40	11	44	27
35	52	39	12	29	26	41	10
14	37	24	33	b	43	28	45
53	34	51	30	25	d	9	42
60	15	32	23	50	c	46	21
57	54	59	18	31	22	5	8
16	1	56	49	6	3	20	47
55	58	17	2	19	48	7	4

44	9	46	1	42	11	38	55
47	30	43	10	53	56	41	12
8	45	58	49	2	39	54	37
29	48	31	52	57	d	13	40
22	7	50	59	32	3	36	61
25	28	23	4	51	60	17	14
6	21	26	33	16	19	62	35
27	24	5	20	63	34	15	18

Da sich das Feld 60 von 1 (jetzt 21) aus mit dem Springer erreichen läßt, machen wir die Folge

60, 59, bis 19 zu 22 bis 63

und haben die so erhaltene Folge von 1 bis 63 (Fig. S. 237 unten) nur so umzuwandeln, daß das Feld d als 64 den Schluß bilden kann. Dies erreichen wir einfach durch Umnumerierung der Felder

61 bis 63 in 63 bis 61,

da das auf der Figur mit 61 bezeichnete Feld dann zu 63 wird.

So erhalten wir den nachstehenden Rösselsprung, der nunmehr keine leeren Felder mehr hat.

44	9	46	1	42	11	38	55
47	30	43	10	53	56	41	12
8	45	58	49	2	39	54	37
29	48	31	52	57	64	13	40
22	7	50	59	32	3	36	63
25	28	23	4	51	60	17	14
6	21	26	33	16	19	62	35
27	24	5	20	61	34	15	18

Bei mehr als 4 leeren Feldern würde man dieses Verfahren so lange wiederholen, bis diese alle verschwunden sind.

In dem so gefundenen Rösselsprung stehen die Zahlen 1 und 64 in 2 Feldern, die sich nicht rösseln. Schon seit Euler bevorzugt man aber solche Rösselsprünge, bei denen das Schlußfeld wieder das Anfangsfeld rösselt. Derartige Rösselsprünge, die man *geschlossen* nennt, haben die Eigentümlichkeit, daß jedes beliebige Feld als Anfangsfeld betrachtet werden kann, weil der Übergang von dem mit 64 besetzten Feldern zu dem mit 1 besetzten durch einen Springerzug möglich ist. Unsere oben besprochene Methode, einen vorliegenden richtigen Rösselsprung in einen neuen zu verwandeln, bei dem ein beliebig gewähltes Feld Schlußfeld wird, liefert auch die Umwandlung jedes ungeschlossenen Rösselsprungs in einen geschlossenen. Man hat nämlich nur ein das Anfangsfeld rösselndes Feld als Schlußfeld zu bestimmen und jene Methode anzuwenden. Um z. B. den zuletzt gefundenen Rösselsprung in einen geschlossenen zu verwandeln, hat man die hier mit

2 bis 57, 58 und 59, 60 bis 64

besetzten Felder bzw. mit den aufeinanderfolgenden Zahlen

64 bis 9, 2 und 3, 8 bis 4

zu besetzen. Dadurch erhält man den auf S. 240 gegebenen in sich zurücklaufenden und dadurch gewissermaßen 64fachen Rösselsprung.

C. METHODE VON WARNSDORF

Eine recht brauchbare und nur in den seltensten Fällen fehlschlagende Methode zur Herstellung von Rösselsprüngen veröffentlichte im Jahre 1823 Warnsdorf (Schmalkalden, Des Rösselsprunges einfachste und allgemeinste Lösung). Nach ihm soll man bei jedem Schritt den Springer auf das Feld setzen, welches ihm die geringste Zahl von Ausgängen nach noch unbesetzten Feldern bietet. Das Verfahren empfiehlt sich auf den ersten Blick, da es ja stets die Felder beseitigt, für welche die Gefahr, mit dem Springer noch leer gebliebene Felder nicht erreichen zu können, am größten ist. Es liefert aber nicht, wie Warnsdorf meinte, die allgemeinste Lösung des Problems, schon aus dem Grunde, weil eine große Zahl von Rösselsprüngen ganz anders verlaufen, als es die Warnsdorfsche Regel vorschreibt.

22	57	20	1	24	55	28	11
19	36	23	56	13	10	25	54
58	21	2	17	64	27	12	29
37	18	35	14	9	4	53	26
44	59	16	3	34	63	30	5
41	38	43	62	15	8	49	52
60	45	40	33	50	47	6	31
39	42	61	46	7	32	51	48

D. METHODE VON COLLINI

In einer in Mannheim 1773 erschienenen Schrift „Solution du problème du Cavalier au jeu des échecs“ legte Collini eine Methode dar, nach welcher man sich das Schachbrett in zwei Gebiete geteilt denken soll, nämlich das Mittelquadrat, das aus den 16 symmetrisch um die Mitte gelagerten Feldern besteht, und den aus den übrigen 48 Feldern bestehenden Rahmen. Dann lautet die Regel Collinis folgendermaßen:

„Man besetze erst 12 Felder des Rahmens so, daß man vom zwölften Felde in das Mittelquadrat springen kann. In diesem besetze man 4 Felder, die entweder ein Quadrat oder einen Rhombus bilden. Darauf besetze man wieder 12 Felder des Rahmens, dann wieder 4 Felder des Mittelquadrats usw."

In der Tat erhält man auf solche Weise oftmals ohne allzu große Mühe einen richtigen Rösselsprung, beispielsweise den folgenden:

40	23	52	7	38	21	50	5
53	8	39	22	51	6	37	20
24	41	14	47	30	61	4	49
9	54	31	62	15	48	19	36
42	25	46	13	64	29	60	3
55	10	63	32	45	16	35	18
26	43	12	57	28	33	2	59
11	56	27	44	1	58	17	34

E. METHODE VON POLIGNAC UND LAQUIÈRE

Von neueren Methoden seien noch die von Polignac und Laquière erwähnt. Polignac veröffentlichte seine Rösselsprunguntersuchungen teils in den Berichten der Pariser Akademie vom April 1861, teils im Jahrgang 1880 des „Bulletin de la Société Mathématique de France". Der eben genannte

Jahrgang enthält auch die inhaltreiche Abhandlung von Laquière über das Rösselsprungproblem.

Polignac und Laquière zerlegen das Brett in 4 Teilquadrate, die entstehen, wenn man durch die Mitte des Schachbretts zwei Parallelen zu den Rändern legt. Ein solches Teilquadrat liefert 4 geschlossene Springerläufe über 4 Felder, wie die folgende Figur verdeutlicht:

c	d	b	a
b	a	c	d
d	c	a	b
a	b	d	c

Hier haben je vier mit demselben Buchstaben gefüllte Felder die Eigenschaft, daß der Springer sie so zu durchlaufen vermag, daß er vom vierten Felde wieder auf das erste zurückgelangen kann, und zwar kann dieses Durchlaufen immer in zwei verschiedenen Richtungen geschehen, nämlich entweder im Sinne der Drehung eines Uhrzeigers oder im entgegengesetzten Sinne. Einen solchen Springerlauf über 4 Felder, die in einem Quadrate von 16 Feldern so liegen, wie in der obigen Figur die mit gleichen Buchstaben besetzten Felder, wollen wir kurz einen *Viersprung* nennen. Es gibt vier Arten von Viersprüngen, die wir nach den oben eingeschriebenen Buchstaben a, b, c, d unterscheiden. Man beachte, daß jeder der beiden Viersprünge a und c die 4 Ecken eines Rhombus besetzt, während jeder der beiden Viersprünge b und d die 4 Ecken eines schrägliegenden Quadrats besetzt. Man bezeichne sich nun in den 4 Teilquadraten immer die

4 · 4 Felder, welche 4 Viersprünge gleicher Art bilden. Dann erhält man im ganzen 16 bezeichnete Felder, die der Springer immer auf mehrfache Art so durchwandern kann, daß er vom 16. Felde auf das erste zurückgelangen kann. Jeden Springerlauf über 16 derartig zusammengehörige Felder wollen wir einen *Sechzehnsprung* nennen, und zwar vom Typus A, B, C, D, je nachdem die 4 besuchten Felder eines Teilquadrats dem Typus a, b, c, d angehören. In der folgenden Figur liefern also die 16 mit a bezeichneten Felder einen Sechzehnsprung von Typus A. Ebenso gehen die mit b, mit c, mit d bezeichneten Felder Sechzehnsprünge, die beziehungsweise den Typus A, B, C oder D haben.

c	d	b	a	c	d	b	a
b	a	c	d	b	a	c	d
d	c	a	b	d	c	a	b
a	b	d	c	a	b	d	c
c	d	b	a	c	d	b	a
b	a	c	d	b	a	c	d
d	c	a	b	d	c	a	b
a	b	d	c	a	b	d	c

Wenn man nun den Springer irgendeinen Sechzehnsprung immer so machen läßt, daß derselbe nach Vollendung desselben zu einem andern Sechzehnsprung übergehen kann, so erhält man stets einen richtigen geschlossenen Rösselsprung. So formierte Rösselsprünge zeigen, gegenüber den aus Versuchen hervorgegangenen, mehr Symmetrie oder Regelmäßigkeit, die am deutlichsten hervortritt, wenn man sie graphisch darstellt, d. h. die Mitten aufeinanderfolgender Felder durch Strecken verbindet. Als Beispiel diene der folgende Rösselsprung, bei welchem die Typen der aufeinanderfolgenden Sechzehnsprünge C, D, A, B sind:

10	27	56	39	14	29	58	43
55	38	11	28	57	42	15	30
26	9	40	53	32	13	44	59
37	54	25	12	41	60	31	16
8	23	52	33	4	17	62	45
51	36	5	24	61	48	1	18
22	7	34	49	20	3	46	63
35	50	21	6	47	64	19	2

Bei diesem Rösselsprung sind die 16 Felder jedes Sechzehnsprungs in solcher Reihenfolge durchschritten, daß immer erst die 4 Felder jedes Viersprungs nacheinander besucht sind. Es ist dies jedoch durchaus nicht erforderlich, wie der folgende Rösselsprung zeigt, der auch die Typenfolge C D A B hat, bei dem aber in jedem der 4 Sechzehnsprünge zunächst immer nur 3 Felder jedes Teilquadrats besetzt und dann erst die ausgelassenen Felder erledigt sind:

2	27	54	39	4	25	56	37
53	40	3	26	55	38	5	24
28	1	46	63	30	15	36	57
41	52	29	16	47	62	23	6
12	17	64	45	14	31	58	35
51	42	13	32	61	48	7	22
18	11	44	49	20	9	34	59
43	50	19	10	33	60	21	8

Es setzt sich dieser Rösselsprung also wohl aus 4 Sechzehnsprüngen, aber nicht aus 16 Viersprüngen zusammen.

Was diejenigen Rösselsprünge betrifft, die sich aus 16 vollständig erledigten Viersprüngen zusammensetzen, so lassen sich dieselben auf folgende Weise schematisch darstellen. Man hänge den Zeichen a, b, c, d für die vier Arten von Viersprüngen die Zahlen 1, 2, 3, 4 als Indizes an, je nachdem der Viersprung in dem Teilquadrat oben links, oben rechts, unten rechts oder unten links gemeint ist. Dadurch läßt sich z. B. der erste von den beiden obigen Rösselsprüngen auf folgende Weise schematisch darstellen:

$$c_3\ c_4\ c_1\ c_2\ d_3\ d_4\ d_1\ d_2\ a_4\ a_1\ a_2\ a_3\ b_4\ b_1\ b_2\ b_3.$$

Wenn man nun umgekehrt ein solches Schema und zugleich das Anfangsfeld kennt, so ist der ganze Lauf des Rösselsprungs eindeutig bestimmt, weil die angehängten Indizes angeben, in welches Teilquadrat man nach Erledigung eines Viersprungs gelangen muß, und dadurch jeder Zweifel über die Reihenfolge der Besetzung der Felder getilgt wird. So führt das Schema

$$c_1\ c_4\ c_3\ c_2\ d_1\ d_4\ d_3\ d_2\ a_2\ a_1\ a_4\ a_3\ b_2\ b_1\ b_4\ b_3$$

zu dem folgenden geschlossenen Rösselsprung:

3	18	53	38	15	32	51	34
54	39	2	17	52	35	14	31
19	4	37	56	29	16	33	50
40	55	20	1	36	49	30	13
5	22	57	44	9	28	63	48
58	41	8	21	64	45	12	27
23	6	43	60	25	10	47	62
42	59	24	7	46	61	26	11

Wenn man die Reihenfolge der 16 Zeichen eines Schemas unverändert läßt und nur den Anfang wechselt, so erhält man Rösselsprünge, welche zu den 63 gehören, die aus jedem geschlossenen Rösselsprunge durch Wechsel des Anfangsfeldes abgeleitet werden können.

In den obigen Beispielen sind immer die 4 Viersprünge eines und desselben Typus nacheinander wiederholt und dadurch Sechzehnsprünge gebildet. Man gelangt jedoch bei einiger Aufmerksamkeit auch dann leicht zu richtigen Rösselsprüngen, wenn man immer nach Erledigung eines Viersprungs zu einem neuen Viersprung übergeht, unbekümmert darum, ob derselbe von gleichem oder von verschiedenem

Typus ist. Bei dem folgenden Schema eines richtigen Rösselsprungs ist z. B. jeder Typ immer nur zweimal wiederholt:

$$a_4\ a_3\ b_2\ b_1\ c_3\ c_4\ d_3\ d_2\ a_2\ a_1\ b_4\ b_3\ c_1\ c_2\ d_1\ d_4.$$

Dieses Schema liefert den folgenden Rösselsprung:

51	58	13	38	53	32	11	34
14	39	52	57	12	35	54	31
59	50	37	16	29	56	33	10
40	15	60	49	36	9	30	55
23	62	41	4	17	28	47	8
42	1	24	61	48	5	18	27
63	22	3	44	25	20	7	46
2	43	64	21	6	45	26	19

Die nach der Methode von Polignac und Laquière auffindbaren Rösselsprünge zeichnen sich zwar vor allen übrigen durch Symmetrie und Eleganz aus; sie bilden aber doch nur einen kleinen Bruchteil aller möglichen Rösselsprünge des Schachbretts.

Mit Hilfe eines von Herrn Flye-Sainte-Marie gefundenen Resultats zeigte Laquière im Bulletin de la Société Mathématique de France (März 1880) die verschiedenen Möglichkeiten, auf einem vollständigen Schachbrett geschlossene Rösselsprünge von der besonderen Art herzustellen, daß der Springer erst nur die 32 Felder der einen Schachbretthälfte vollständig erledigt, ehe er zu den 32 Feldern der andern

Hälfte überspringt. Obwohl die so entstehenden Rösselsprünge nur einen winzigen Teil aller überhaupt möglichen bilden, so ergibt sich doch für sie schon die stattliche Zahl:

31054144.

Es ist ein naheliegender, auch schon von Euler ausgesprochener Gedanke, durch die Gruppierung der Felder, auf denen ein Rösselsprung verläuft, eine aus irgendwelchem Grunde interessierende Figur zu bilden. So lieben es die Unterhaltungszeitschriften, interessante oder elegante Figuren von Feldern vorzulegen, wie etwa die Figur des Eisernen Kreuzes. Auch kann man dadurch, daß man vom gewöhnlichen Schachbrett gewisse Felder frei läßt, eine Figur bilden.

F. GLEICHSUMMIGE ZENTRAL-SYMMETRISCHE RÖSSELSPRÜNGE

Fügt man dem Eulerschen Rösselsprungproblem erschwerende Bedingungen hinzu, so erfordern die Lösungen meist sehr große Geduld. Die härteste Geduldsprobe bestand wohl vor einigen Jahrzehnten ein in Mähren auf dem Lande lebender pensionierter Beamter, namens Wenzelides, der sich die Aufgabe stellte, in die 64 Felder eines Schachbretts die Zahlen von 1 bis 64 so einzubeschreiben, daß dieselben nicht allein einen geschlossenen Rösselsprung bilden, sondern daß auch die 8 Zahlen in jeder horizontalen und in jeder vertikalen Reihe eine und dieselbe Summe, nämlich 260, ergeben. Nach jahrelang fortgesetzten Bemühungen fand Wenzelides mehrere Lösungen seines Problems, die in der Berliner Schachzeitung veröffentlicht sind, und von denen hier drei (S. 249, 250) folgen sollen, die zugleich zentral-symmetrische Rösselsprünge darstellen, d. h. solche, bei denen die Verbindungsstrecke zweier Felder, deren Zahlen sich um 32 unterscheiden,

63	14	37	24	51	26	35	10
22	39	62	13	36	11	50	27
15	64	23	38	25	52	9	34
40	21	16	61	12	33	28	49
17	60	1	44	29	48	53	8
2	41	20	57	6	55	32	47
59	18	43	4	45	30	7	54
42	3	58	19	56	5	46	31

15	42	3	58	5	52	31	54
2	59	14	43	30	55	50	7
41	16	57	4	51	6	53	32
60	1	44	13	56	29	8	49
17	40	61	24	45	12	33	28
64	21	38	19	36	25	48	9
39	18	23	62	11	46	27	34
22	63	20	37	26	35	10	47

vom Zentrum halbiert wird. Man bemerke jedoch, daß die Rösselsprünge des Wenzelides keine magischen Quadrate darstellen, weil die in den beiden Diagonalen stehenden Zahlen nicht die konstante Summe 260 ergeben.

15	42	55	32	17	34	27	38
54	31	16	41	28	37	18	35
43	14	29	56	33	20	39	26
30	53	44	13	40	25	36	19
51	4	57	8	45	12	21	62
58	7	52	1	24	61	46	11
3	50	5	60	9	48	63	22
6	59	2	49	64	23	10	47

G. RÖSSELSPRÜNGE IN DEN FÄCHERN EINES WÜRFELS

Eine weitere Ausdehnung des Rösselsprungproblems von 2 auf 3 Dimensionen, auf welche Herr Prof. Dr. Schubert erneut die Aufmerksamkeit lenkte, verlangt, die 4 · 4 · 4 würfelförmigen Fächer, in die ein Würfel zerlegt werden kann, mit den Zahlen von 1 bis 64 so zu besetzen, daß 2 aufeinanderfolgende Zahlen in einer von den 3 Hauptrichtungen um 1 Fach, in irgendeiner anderen Hauptrichtung um 2 Fächer voneinander abstehen. Wir haben uns also eine Schicht von 4 · 4 würfelförmigen Fächern vorzustellen, die auf horizontaler Basis aneinander anschließen, und deshalb oben ein Quadrat von 4 · 4 Feldern bilden. Auf dieser Schicht ruht eine zweite, ebenso beschaffene Schicht, auf dieser eine dritte und auf ihr eine vierte kongruente Schicht. Jedes der so entstandenen 64 Fächer denken wir uns nun durch eine Zahl besetzt, und es handelt sich darum, die Fächer durch die Zahlen von 1 bis 64 so zu besetzen, daß 2 aufeinanderfolgende Zahlen in 2 Fächern stehen, die in der einen der 3 Hauptrichtungen um 2, in einer andern um 1 Fach entfernt sind. Die 3 Hauptrichtungen laufen dabei erstens von links nach rechts, zweitens von vorn nach hinten, drittens von oben nach unten oder umgekehrt. Man beachte daher, daß jedes der 8 Eckfächer 6 Ausgänge hat, daß zweitens von jedem der 24 Kantenfächer, die nicht Eckfächer sind, 8 Fächer durch den Raumspringer erreicht werden können, daß drittens jedes der 24 Flächenfächer, die nicht Kantenfächer sind, 10 Fächer rösselt, und daß viertens von jedem der 8 ganz im Innern um die Mitte herumliegenden Fächer 12 Fächer auf die angegebene Weise erreicht werden können. Die große Anzahl der in einem Würfel von jedem Fach aus durch den räumlichen Springerzug erreichbaren Fächer macht das Problem, derartige Würfelrösselsprünge zusammenzustellen, besonders interessant. Ebenso gewinnt das Problem, umgekehrt einen in 64 Silben aufgegebenen Rösselsprung zu lösen, dadurch bedeutend an Interesse, daß man die Silben statt in 8 · 8 Feldern in 4 · 4 · 4 Fächern geschrieben denken muß. Da das Papier nur zweidimensional, ein Silbenwürfelrösselsprung aber dreidimenional ist, so kann derselbe nur in Quadraten von je 16 Feldern angegeben werden, die man sich als die Oberflächen der in 4 Schichten von oben nach unten liegenden Fächer vorstellen mag.

Erste Schicht

jung	grünt	he	Doch
lacht	die	fast	und
es	fräu	ne	run
Son	ter	sprießt	lich

Zweite Schicht

Früh	ter	klom	dem
be	In	ger	Lie
lau	ling	Wal	men
de	lust	be	Jun

Dritte Schicht

du	dich	ne	lang
Tö	ge	flö	ich
schon	Wie	zend	zo
Schluch	gne	hör'	test

Vierte Schicht

Und	will	trü	auch
be	Nach	dein	kom
sei	ist	gall	lig
ti	se	men	Lied

Die Lösung dieses Würfelrösselsprungs ist folgende:

10	7	22	17
21	18	9	6
8	11	20	23
19	24	5	12

27	62	15	2
14	1	26	63
61	28	3	16
4	13	64	25

42	37	56	51
55	52	43	40
38	41	50	53
49	54	39	44

57	30	47	36
48	33	58	31
29	60	35	46
34	45	32	59

Die Methode, nach welcher der Verfasser diesen Würfelrösselsprung gebildet hat, ist im allgemeinen der neueren französischen Methode für die Herstellung gewöhnlicher Rösselsprünge nachgebildet, indem immer je 4 aufeinanderfolgende Zahlen einen Viersprung in einem Quadrate bilden, dessen Ebene einer der 6 Seitenflächen des Würfels parallel ist.

Es ist naheliegend, den dreidimensionalen Rösselsprung vom Würfel auf das rechtwinklige Parallelepipedon auszudehnen. Als Beispiel diene der folgende Rösselsprung, der in $3 \cdot 4 \cdot 6$ Fächern verläuft:

Erste Schicht

61	14	59	10	51	6
2	25	72	15	66	19
27	44	31	48	35	50

Zweite Schicht

58	11	62	7	54	9
71	22	69	18	63	16
30	41	28	45	38	47

Dritte Schicht

3	60	13	56	5	52
26	1	24	65	20	67
43	32	39	36	49	34

Vierte Schicht

12	57	4	53	8	55
23	70	21	68	17	64
40	29	42	33	46	37

§ 30

DIE DREISSIG BUNTEN WÜRFEL DES MAJORS MACMAHON

Da man diesem in England entstandenen Spiel in Deutschland wachsendes Interesse entgegenbringt, soll auch in diesem Buche kurz darauf eingegangen werden.

Die Flächen jedes der 30 Würfel sind hier in den 6 Farben Weiß, Gelb, Rot, Grün, Blau und Schwarz gehalten, doch so, daß die Anordnung dieser Farben von Würfel zu Würfel wechselt. Daß mit diesen 30 Würfeln alle Anordnungsmöglichkeiten der 6 Farben erschöpft sind, kann man so zeigen: denken wir uns die Würfel, deren Zahl wir bestimmen wollen, alle auf Flächen gleicher Farbe gestellt, so wird jede der 5 anderen Farben als Farbe der Deckfläche auftreten können. Legen wir nun in Gedanken die oben weißen, oben roten Würfel usw. so nebeneinander, daß bei jedem Würfel der Reihe dieselbe Farbe nach vorn gekehrt ist, so können auf die übrigen Flächen die 3 noch fehlenden Farben auf $3! = 6$fache Weise verteilt werden. Jede der 5 Reihen besteht also aus 6 Würfeln, weshalb deren Zahl 30 sein muß. Für den, welcher sich aus Pappe oder Holz die Würfel selbst herstellen will, geben wir eine passende Farbenanordnung auf folgende Weise an: Greifen wir einen der Würfel beliebig heraus, so erscheint, wenn man ihn auf die Grundfläche Gelb gestellt, senkrecht von oben mit einem Auge betrachtet, nur die Farbe der Deckfläche. Wir bezeichnen diese Farbe, etwa Rot, mit ihrem Anfangsbuchstaben r und schreiben diesen nieder. Wenden wir den Blick nach rechts und links, so erscheinen die Farben der Seitenflächen, etwa Blau und Schwarz, deren Anfangsbuchstaben b und s wir rechts und links neben r rücken. Durch Wendung des Blickes aus der Anfangsstellung senkrecht zu der vorigen Richtung nach vorn und hinten werden die letzten Farben, Grün und Weiß, sichtbar, deren Anfangsbuchstaben gr und w wir unterhalb und oberhalb r setzen. Dann ist durch die nebenstehende Buchstabenanordnung die Verteilung der Farben auf dem herausgegriffenen Würfel angegeben, da die Farbe der Grundfläche Gelb (g) sich von selbst versteht. Mittels dieser Farbenbezeichnung sind wir nun in der Lage, denen, welche sich das Spiel selbst anfertigen wollen, die Farben anzugeben, welche auf die Würfelflächen zu verteilen sind. Es geschieht dies durch die untenstehende Figur.

w
s r b
gr

r gr w b s	gr b w r s	b r w gr s	r b w gr s	gr r w b s	b gr w r s
b r gr s w	r s gr b w	s b gr r w	b s gr r w	r b gr s w	s r gr b w
s b r w gr	b w r s gr	w s r b gr	s w r b gr	b s r w gr	w b r s gr
w s b gr r	s gr b w r	gr w b s r	w gr b s r	s w b gr r	gr s b w r
gr w s r b	w r s gr b	r gr s w b	gr r s w b	w gr s r b	r w s gr b

Wir greifen jetzt wieder einen beliebigen Würfel, etwa den oben gesondert betrachteten, heraus und treten an die Aufgabe heran, in deren Lösung das Spiel des Majors MacMahon besteht, 8 von den Würfeln so zu einem größeren zusammenzustellen, daß dessen Außenflächen dieselben Farben aufweisen wie dieser erste, der Muster- oder Vorgabewürfel, jedoch unter der erschwerenden Bedingung, daß je zwei Teilwürfel überall mit gleichfarbigen Flächen aneinanderstoßen. Nennt man 2 parallel gegenüberliegende Flächen eines Würfels dessen Gegenflächen, so folgt aus dieser Bedingung unmittelbar der Satz:

(A) Bei keinem der 8 Einzelwürfel kann ein Gegenflächenpaar dieselben Farben zeigen, wie sie an den 3 Gegenflächenpaaren des Musterwürfels vorkommen.

Denn wäre dies der Fall, so würde, weil von 2 Gegenflächen eines der 8 Teilwürfel stets die eine zu einer Außenfläche, die andere zu einer Innenfläche des großen, des „Mac Mahon-Würfels" gehört, der an diese Innenfläche anstoßende Würfel 2 Gegenflächen von gleicher Farbe haben.

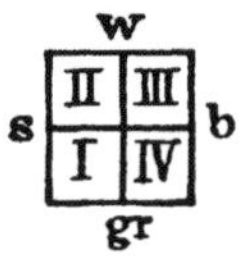

Wir numerieren die Würfel der unteren Schicht in der nebenstehenden Weise und geben die Farben der Außenflächen mittels der Buchstaben s, w, b und gr an. Hierauf beginnen wir den Aufbau des großen Würfels mit dem Würfel I. Seine 3 nach außen gekehrten Farben sind durch den Musterwürfel gegeben, und für die Berührungsfläche von I und II kommt w nach (A) nicht in Betracht. Von den übrigbleibenden Farben b und r kann jede genommen werden. Wir wählen

1. b) Dann darf wegen (A) die Farbe der Deckfläche von I nicht r sein, weshalb dies die Farbe der Berührungsflächen von I und IV sein muß. Dadurch bleibt wieder als Farbe der

Fig. 1.

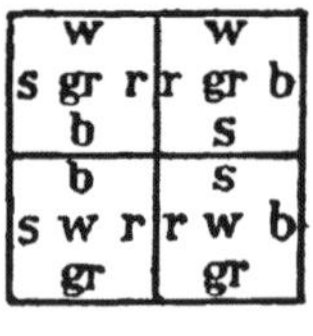

Fig. 2.

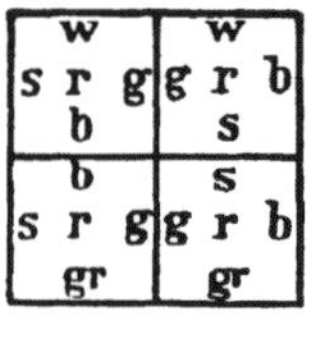

Berührungsflächen von III und IV nur s, und als die der Berührungsflächen von II und III nur r übrig, so daß also die

Farben der 4 unteren Würfel die der Fig. 1 sind, Damit ist aber auch die Farbenverteilung auf den 4 oberen Würfeln, deren Grundflächen nach der Bedingung der Aufgabe mit den Deckflächen der unteren Würfel gleiche Farbe haben müssen, eindeutig bestimmt, wie Fig. 2 zeigt, und die Aufgabe ist damit gelöst.

2. Wir können aber auch r als Farbe der Berührungsflächen von I und II wählen. Die Überlegung verläuft hier ebenso wie bei 1., und wir erhalten die Farbenverteilung in den beiden Würfelschichten, wie es die Figuren 3 und 4 (untere und obere Schicht) zeigen.

w s b gr r	w gr s b r
r s b w gr	r w s b gr

Fig. 3.

w s r gr g	w gr r b g
g s r w gr	g w r b gr

Fig. 4.

Bei näherer Betrachtung der bei 2. benutzten 8 Würfel erkennt man leicht, daß es dieselben sind, welche bei 1. zum Aufbau eines MacMahon-Würfels verwendet wurden.

Es kann also ein MacMahon-Würfel nach einem gegebenen Vorgabewürfel auf zweierlei Weise hergestellt werden, jedesmal aus denselben Einzelwürfeln.

Auf den ersten Blick viel schwieriger scheint der Aufbau des großen Würfels, wenn man seine 8 Teilwürfel, ohne den Musterwürfel zu zeigen, einzeln und in ganz beliebige Lagen gebracht, vorlegt.

Doch ist es nach Satz (A) leicht, die Farben der 3 Gegenflächenpaare des fehlenden Musterwürfels zu bestimmen und damit die Aufgabe auf die vorige zurückzubringen. Legt man nämlich die 8 Einzelwürfel auf Flächen gleicher Farbe, so kann auf den 8 Gegenflächen diejenige Farbe nicht erscheinen, welche auf dem fertigen MacMahon-Würfel oder dem Vorgabewürfel die Farbe der Gegenfläche jener Fläche ist, auf deren Farbe wir die 8 Würfel gestellt hatten. Die fehlende Farbe ist diejenige der Gegenfläche jener Fläche, auf welche wir die 8 Würfel gestellt haben.

Diese kurzen Ausführungen werden genügen, um dem Leser einen Einblick in das Wesen und in die Behandlungsweise des Spieles zu geben. Den, welcher sich eingehender mit dem Spiel und seinen verschiedenen interessanten Abarten beschäftigen will, verweisen wir auf das S. 172 zitierte Werk von Bruno Kerst, dessen Darstellungsweise wir gefolgt sind, ferner auf G. Kowalewski, Alte und neue mathematische Spiele, Verlag von B. G. Teubner, Leipzig-Berlin, und ganz besonders auf die sehr eingehende Monographie von F. Winter, Das Spiel der 30 bunten Würfel, ein mathematischer Zeitvertreib für jedermann, Verlag von B. G. Teubner, Leipzig-Berlin.

§ 31

DIE QUADRATUR DES KREISES UND ANDERE KLASSISCHE PROBLEME

Jahr für Jahr erhalten Mathematikprofessoren, Universitätsinstitute und wissenschaftliche Verlage Einsendungen von Amateurmathematikern, welche glauben, eines der klassischen Probleme der Mathematik gelöst zu haben.

Das bekannteste dieser Probleme ist das der *Quadratur des Kreises.* Darunter versteht man die Aufgabe, einen Kreis mit gegebenem Radius unter alleiniger Benutzung von Zirkel und Lineal in ein flächengleiches Quadrat zu verwandeln.

Ein weiteres klassisches Problem ist das der allgemeinen *Trisektion des Winkels.* Hierbei ist ein Verfahren anzugeben, welches auf beliebige Winkel angewandt, diese jeweils in genau drei gleiche Teile teilt.

Schließlich ist das *Delische Problem* zu nennen. Der Sage nach wandten sich die Einwohner von Delos an das Orakel von Delos, um Rat gegen die herrschende Pest zu erbitten. Ihnen wurde gesagt, sie sollten ihren Altar des Apollo im Volumen verdoppeln. Dieser Altar hatte Würfelform, so daß man das Delische Problem auch als Problem der Kubusverdopplung bezeichnen kann.

Allen Aufgaben ist gemeinsam, daß aus gegebenen und daher als bekannt anzusehenden Punkten, Geraden und Strecken gewisse andere Punkte oder Strecken konstruiert werden sollen. So ist beim ersten der genannten Probleme der Kreisradius als gegebene Strecke anzusehen, während die entsprechende Quadratseite die gesuchte Strecke ist. Im zweiten Problem sind zwei sich schneidende Geraden als gegeben zu betrachten, während eine weitere, durch den gleichen Schnittpunkt verlaufende Gerade gesucht wird, die den Winkel im Verhältnis 1:2 teilt. Die Halbierung des größeren der entstehenden Teilwinkel ist nämlich kein Problem. Dabei kommt es nicht darauf an, einen bestimmten Winkel zu dreiteilen, was für viele Winkel, etwa für einen rechten, sehr einfach ist. Vielmehr wird nach einem allgemeinen, auf alle Winkel anwendbaren Verfahren gefragt. Bei der dritten Aufgabe ist eine Strecke a (die Kantenlänge eines Würfels) gegeben und eine Strecke b (die Kantenlänge des verdoppelten Würfels) gesucht. Es muß dann $b^3 = 2a^3$ sein.

Natürlich lassen sich diese in den verschiedenen Aufgaben gesuchten Größen mit beliebiger Genauigkeit berechnen und auch leicht in beliebiger Annäherung konstruieren. Das jeweilige Problem besteht aber darin, keine Näherungskonstruktion, sondern eine ganz genaue Konstruktion mit Zirkel und Lineal zu liefern. Dabei ist auch festgelegt, was unter *Konstruktion mit Zirkel und Lineal* zu verstehen ist, nämlich:

1) Es dürfen nur endlich viele Konstruktionsschritte erforderlich sein.
2) Es dürfen vorhandene Punkte mittels eines Lineals geradlinig verbunden werden.
3) Es darf um einen vorhandenen Punkt mit Hilfe eines Zirkels ein Kreis mit dem Radius r gezogen werden, wenn r der Abstand zweier vorhandener Punkte ist.
4) Es dürfen beliebige neue Punkte als Schnittpunkte von Geraden oder Kreisen auf angegebene Weise konstruiert werden.

Über zwei Jahrtausende haben sich immer wieder interessierte Menschen mit diesen leicht zu verstehenden Aufgaben beschäftigt. Viele glaubten, Lösungen gefunden zu haben, doch hielten die angegebenen Lösungsmethoden niemals ernsthafter Kritik stand. Oftmals ergaben die gefundenen Methoden gute Näherungskonstruktionen, aber doch eben nicht die geforderte genaue Lösung. Vielfach beachteten die Bearbeiter auch nicht die erwähnten strengen Voraussetzungen, die angeben, was unter dem Begriff „Konstruktion mit Zirkel und Lineal" zu verstehen ist. Das Delische Problem und das der Winkeltrisektion sind beispielsweise lösbar, wenn als Konstruktionsschritt die sogenannte Einschiebung erlaubt wird. Darunter versteht man die gleichzeitige Bewegung der beiden Endpunkte einer Strecke (die durch die beiden Zirkelspitzen abgegriffen oder auf dem Lineal markiert ist) längs zweier verschiedener Geraden oder Kreise.

Wenn es niemals gelungen ist, die klassischen Aufgaben zu lösen, so liegt die Vermutung nahe, daß diese Aufgaben überhaupt nicht mit Zirkel und Lineal lösbar sind. Diese Vermutung ist seit dem 19. Jahrhundert bestätigt. Man kann beweisen, daß keine der geforderten Konstruktionen mit Zirkel und Lineal durchführbar ist. Es ist also kein menschliches Unvermögen, daß bislang keine Lösungsmethode gefunden wurde, sondern es kann aus mathematischen Gründen gar keine geben, und ein weiteres Suchen ist daher müßig. Jede angeblich gefundene Lösung eines dieser klassischen Probleme muß notwendigerweise falsch sein. Die Adressaten der eingesandten Lösungen, also die Mathematikprofessoren, Universitätsinstitute oder Verlage können nun jeweils entscheiden, ob sie die erhaltenen Manuskripte in den Papierkorb werfen, mit freundlichen Worten und Hinweisen auf die einschlägige Fachliteratur zurücksenden oder sich der Mühe unterziehen wollen, den oder die zwangsläufig vorhandenen Fehler aus den oftmals umfangreichen Manuskripten herauszusuchen.

Wenn behauptet wird, die genannten klassischen Probleme der Mathematik seien unlösbar, so muß man sich fragen, wer diese Erkenntnis als erster ausgesprochen und wer den ersten Beweis der Unlösbarkeit gefunden hat. Kluge Mathematiker und eine Legion von Amateuren haben sich in zwei Jahrtausenden mit diesen Fragen beschäftigt, ohne die gesuchten Lösungen zu finden, aber auch ohne die Unlösbarkeit beweisen zu können. Wer zu konstruieren beginnt, bemerkt sehr bald, daß die Zahl der möglich erscheinenden Konstruktionswege unbegrenzt sein muß, so daß es sicher unmöglich sein wird, alle denkbaren Wege einzeln zu überprüfen, um festzustellen, ob sie zum Ziele führen oder nicht. Der Beweis der Unlösbarkeit eines mathematischen Problems dieser Art kann sich folglich nicht in einer Widerlegung einzelner Verfahren erschöpfen, sondern er muß allgemein sein und damit alle bereits erdachten, aber auch alle zukünftig vielleicht noch ersonnenen Konstruktionsverfahren in einem Zuge als unbrauchbar nachweisen. Wir wollen dies an einem einfachen Beispiel aus der Elementargeometrie erläutern.

Verbindet man die Endpunkte A und B eines Kreisdurchmessers mit beliebigen Peripheriepunkten C (Fig. 1), so erhält man einen als Umfangswinkel bezeichneten Winkel γ. Der nach *Thales* benannte Satz besagt nun, daß es unmöglich ist,

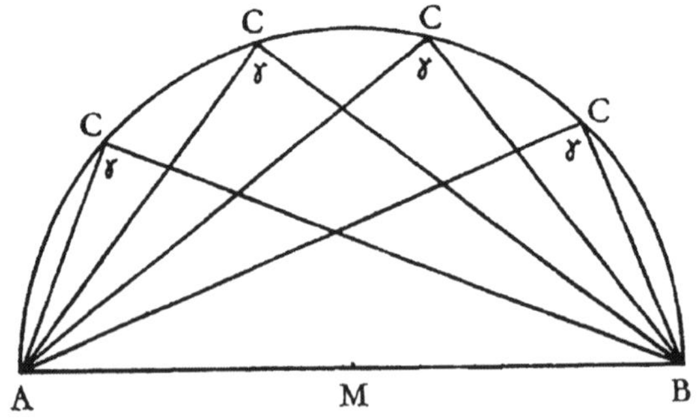

Fig. 1.

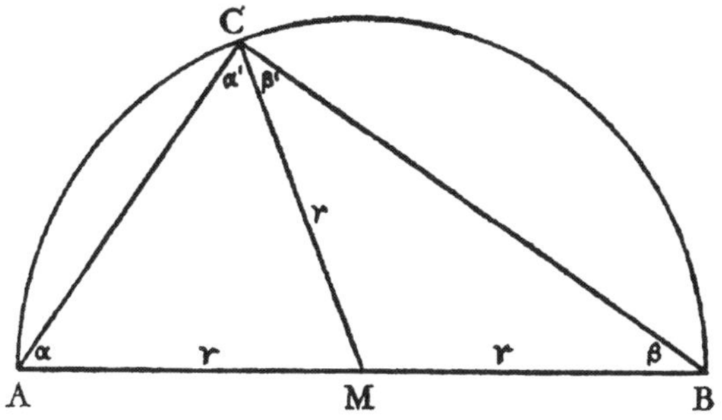

Fig. 2.

einen Peripheriepunkt zu finden, der, mit den Durchmesserendpunkten verbunden, keinen rechten Winkel bildet. Natürlich kann man auch hier nicht alle möglichen Winkel einzeln überprüfen, da es unzählig viele Peripheriepunkte gibt. Der Beweis muß deshalb alle denkbaren Dreiecke ABC mit einem Male erfassen. Verbindet man C mit M, so entstehen zwei gleichschenklige Dreiecke. Es gilt nämlich (Fig. 2):

$$MA = MC = MB = r.$$

Folglich ist

$$\alpha = \alpha' \text{ und } \beta = \beta'.$$

Es ergibt sich

$$\alpha + \beta = \alpha' + \beta' = \gamma,$$

und da in jedem ebenen Dreieck die Winkelsumme 180° beträgt, muß $\gamma = 90°$ sein.

Für den Beweis benutzten wir ein spezielles Dreieck (Fig. 2). Wir können nicht alle hier möglichen Dreiecke ABC zeichnen, aber wir können sie uns denken und daran erkennen, daß der Beweisgang allgemeingültig ist.

Ebenso unnütz wie ein weiteres Suchen nach einem Punkt C, für welchen Winkel ACB kein rechter wäre, ist ein weiteres Suchen nach Lösungen der genannten klassischen Probleme.

Die Unmöglichkeit der geforderten Konstruktionen ist nämlich ebenso wie der Satz des Thales bereits bewiesen. Ein wesentlicher Unterschied besteht allerdings doch. Während es recht einfach ist, den Satz des Thales zu beweisen, erfordert das Verständnis für die Unlösbarkeit der klassischen Probleme umfangreiche Kenntnisse aus der höheren Mathematik, so daß uns im Rahmen dieses Buches eine Beweisführung versagt bleiben muß.

Die Frage nach der exakten Lösbarkeit einer geometrischen Konstruktion mit Zirkel und Lineal läßt sich auf die der Lösbarkeit algebraischer Gleichungen zurückführen. Die Lösungen dieser Gleichungen müssen, damit eine exakte Konstruktion mit Zirkel und Lineal durchführbar ist, mittels rationaler Rechenoperationen (Additionen, Subtraktionen, Multiplikationen und Divisionen) und durch Quadratwurzelziehen aus gegebenen Grundgrößen, welche den gegebenen Punkten und Strecken entsprechen, gewonnen werden können. Im Jahre 1882 hat *Ferdinand Lindemann* (1852—1932) bewiesen, daß die Kreiszahl π (vgl. S. 36) *transzendent* ist, d. h. niemals die Lösung einer algebraischen Gleichung sein kann. Damit war das Problem der Quadratur des Kreises als unlösbar erledigt. Die Unlösbarkeit der beiden anderen klassischen Probleme folgt direkt aus der *Galoistheorie*. Eine ausführliche Darstellung hierüber enthält z. B. das Buch von *B. L. van der Waerden*, Moderne Algebra, Bd. I, Springer-Verlag, insbesondere § 60 Konstruktionen mit Zirkel und Lineal. Der interessierte Leser sei auch auf das vorzügliche Buch von *Heinrich Tietze*, Gelöste und ungelöste mathematische Probleme aus alter und neuer Zeit, Beck'sche Verlagsbuchhandlung, München 1964, hingewiesen.

Ein anderes, leicht zu verstehendes Problem, das allerdings kein so ehrwürdiges Alter hat wie die erwähnten klassischen Aufgaben, ist die „nur" dreihundert Jahre alte Fermatsche

Vermutung, auch großer Fermatscher Satz genannt. Fermat*) arbeitete die von Bachet herausgegebene Diophant-Ausgabe durch und wurde dabei zu seiner Vermutung angeregt. Diese besagt folgendes: Die Gleichung

$$x^n + y^n = z^n$$

ist für ganzzahlige Werte x, y, z und ganzzahlige Exponenten $n > 2$ nicht lösbar.

In seinem Nachlaß fand man eine Randnotiz von Fermat, in der er einen „wunderbaren Beweis" dieses vermutlich richtigen Satzes erwähnte, ohne ihn niedergeschrieben zu haben. Da dieser Satz bis heute nicht allgemein bewiesen wurde, bleibt die Frage offen, ob Fermat wirklich einen solchen genialen Beweis kannte oder ob er sich irrte, als er glaubte, einen Weg gefunden zu haben.

Für $n = 2$ gibt es unendlich viele Lösungen der Gleichung; jedes ganzzahlige pythagoreische Tripel liefert eine solche (vgl. § 18). Zunächst wurde die Unlösbarkeit der Gleichung $x^4 + y^4 = z^4$ für ganzzahlige Werte x, y, z, später die der Gleichung $x^3 + y^3 = z^3$ von *Leonhard Euler* (1707—1783) bewiesen. Große Fortschritte bei der Behandlung des Problems gelangen dem berühmten Zahlentheoretiker *Eduard Kummer* (1810—1893), der durch seine Arbeiten am Fermatschen Problem wesentliche Grundlagen der modernen Zahlentheorie schuf. Kummer konnte für sehr viele Primzahlen, u. a. auch für alle Primzahlexponenten unter 100, die Unlösbarkeit der Fermatschen Gleichung beweisen. Es genügt nämlich, die Unlösbarkeit für Primzahlexponenten n zu beweisen, dann gilt sie auch für alle übrigen Werte von n. Wäre nämlich die Unlösbarkeit für Primzahlexponenten bewiesen und $n = p \cdot q$, wobei p Primzahl ist, so folgte aus der Unlösbarkeit der Gleichung

$$(x^q)^p + (y^q)^p = (z^q)^p$$

*) Pierre de Fermat (1601—1665).

die der Gleichung

$$x^{pq} + y^{pq} = z^{pq}$$

bzw.

$$x^n + y^n = z^n.$$

Für alle Primzahlexponenten p, die kleiner als 4000 sind, ist der große Fermatsche Satz inzwischen von den Zahlentheoretikern bewiesen worden, ebenso für bestimmte noch größere Exponenten. Dies schließt allerdings nicht aus, daß die Gleichung für gewisse, noch viel größere Exponenten n in ganzen Zahlen lösbar sein kann. Die Schwierigkeit besteht darin, daß es wenig nützt, den Satz für irgendwelche Werte von n zu beweisen, wenn noch immer unendlich viele andere Werte von n übrig bleiben, für die der Satz unbewiesen ist. Um den Satz zu widerlegen, würde dagegen die Angabe eines einzigen Wertes von n genügen, für den die Gleichung erfüllt wäre. Vermutlich dürfte es aber eher gelingen, den so lange gesuchten allgemeinen Beweis zu finden, als einen Wert von n, mit dem der Satz widerlegt werden könnte.

§ 32

MERKWÜRDIGES ÜBER DAS UNENDLICHE

Wie im Paragraphen 4 dargelegt wurde, gelangt man durch Benutzen lateinischer Bezeichnungen zu Zahlwörtern für Werte, die jedes menschliche Vorstellungsvermögen überschreiten, wenngleich ihre formale Handhabung beim Zahlenrechnen durchaus möglich ist. So bedeutet eine Zentesillion die sechshundertste Potenz von 10 (vgl. S. 29). Dennoch ist auch bei dieser gewaltigen Zahl keine Endstation erreicht; die Folge der natürlichen Zahlen 1, 2, 3, 4, ... kann niemals eine letzte Zahl besitzen, was bereits Archimedes erkannt und in seiner Sandrechnung zum Ausdruck gebracht hatte (vgl. S. 30). Es ist leicht zu zeigen, daß die Annahme, es gäbe eine größte Zahl, falsch sein muß. Man brauchte nämlich nur zu der angenommenen größten Zahl eine beliebige andere zu addieren, um eine noch größere zu erhalten.

Während beim praktischen Abzählen sehr enge Schranken gesetzt sind, können wir uns die Zahlenfolge über alle Grenzen hinaus fortgesetzt denken. Wir besitzen damit eine *Idee des Unendlichen*, unsere Sinneswahrnehmungen dagegen beschränken sich stets auf einen endlichen Bereich. Diese Idee des Unendlichen hat zu allen Zeiten die großen Geister fasziniert. Die Frage nach der Endlichkeit oder Unendlichkeit von Raum und Zeit war seit dem Wirken der klassischen griechischen Denker eines der großen Probleme der Philosophie.

Besonders bekannt sind die auf fehlerhafter Benutzung des Unendlichkeitsbegriffs beruhenden Antinomien des *Zenon von Elea* (etwa 490—430 v. Chr.). Die berühmteste dieser Antinomien ist die des Wettlaufs zwischen Achilles und einer Schildkröte (vgl. S. 127). Zenon, ein Schüler und Verfechter der Lehre des Philosophen *Parmenides*, wollte mit seinen Thesen beweisen, daß jegliche Bewegung auf Täuschung beruhe. Er zog dazu noch weitere Beispiele heran, z. B. das des „fliegenden Pfeils". In jedem Zeitpunkt, sagte Zenon, befindet sich der Pfeil an einem ganz bestimmten Orte. Da es unendlich viele Orte auf dem Wege des Pfeils gibt, wird er, wenn er diese unendlich vielen Orte nacheinander einnimmt, niemals am Ziele ankommen. Darüber hinaus kann sich der Pfeil stets nur an einer Stelle befinden, folglich kann er sich nicht bewegen und der Flug des Pfeils muß eine Täuschung sein.

Auch das von einem fallenden Kornhaufen herrührende Geräusch bezeichnet Zenon als Täuschung. Ein einzelnes auf weichen Boden fallendes Korn ruft kein wahrnehmbares Geräusch hervor. Da der Kornhaufen nur aus einzelnen Körnern besteht, von denen jedes einzelne lautlos fällt, kann auch die Gesamtheit der Körner kein Geräusch erzeugen.

In einer weiteren These sagt Zenon: Gäbe es *Vieles*, so müßte dieses zugleich endlich und unendlich sein. Unsere Erfahrungswelt umfaßt immer nur endlich viele Dinge, das Seiende hat eine Anzahl, ist also endlich. Zwischen den Dingen befinden sich immer wieder Dinge, also muß das Viele unendlich sein.

Ähnlich könnte man argumentieren: Alles Wahrnehmbare besteht nur aus endlich vielen Teilen. Gäbe es unendlich viele Teile und hätten diese keine Ausmaße, so könnte auch das Ganze, das ja durch Aneinanderfügen der Teile entsteht, keine Ausmaße besitzen. Hätten jedoch die Teile eine wirkliche Größe, so müßte das Ganze, nach Zusammenfügen der unendlich vielen Teile, unendlich groß sein.

Aristoteles nannte Zenon wegen dieser berühmten Antinomien den Erfinder der Dialektik. Für ihn ist das Unendliche das, was „der Größe nach nicht bestimmt werden kann, was nie fertig und nie ganz ist, was sich nicht derart begrenzen läßt, daß nicht noch ein Teil außerhalb läge". (Phys. III, 6).

Kant definierte in seiner „*Kritik der reinen Vernunft*" das Unendliche als „ein Quantum, dessen Größe sich durch keine vollendete Synthesis seiner Teile messen läßt".

Wesentlich großzügiger und unvorsichtiger gehen die Poeten mit dem Begriff „unendlich" um, wozu sie in dichterischer Freiheit auch berechtigt sind. Wenn sie von *unendlicher Liebe* oder von den *unendlich fernen Sternen* sprechen, so soll bewußt nur eine schwärmerische Umschreibung für *sehr groß* oder *sehr weit* benutzt werden. Wir sollten hier keine Kritik üben, zumal wohl jeder gelegentlich im täglichen Leben in gewollter oder ungewollter Übertreibung den Begriff „unendlich" gebraucht. Wer kann schon *unendlich lange* auf einen zehn Minuten später kommenden Bus gewartet haben, und wer wird wohl *unendliche Geduld* üben, wenn ein menschliches Leben nur endlich ist?

Ein derart sorgloser Umgang mit einem Begriff ist dem Mathematiker nicht erlaubt. Manch einem bleibt es sein Leben lang rätselhaft, wie die Mathematiker, die in ihrer Wissenschaft auf größte Genauigkeit, begriffliche Schärfe und strenge Logik achten, mit dem mystisch erscheinenden Begriff *unendlich* überhaupt umgehen können. Dazu muß zunächst festgestellt werden, daß ein Mathematiker tatsächlich keinen mystischen Unendlichkeitsbegriff gebrauchen kann. Wenn er das *Unendliche* benutzt, dann in einer ganz bestimmten und genau definierten Bedeutung, die sich mit der Bedeutung des Wortes beim Philosophen oder beim Poeten oder beim Theologen, für den *unendlich* ein Prädikat Gottes ist, nicht deckt.

Um diesen mathematischen Unendlichkeitsbegriff verstehen zu können, betrachten wir zunächst eine merkwürdig erscheinende Eigenschaft von Mengen, mit denen es der Mathematiker dauernd zu tun hat.

Die eingangs erwähnten *natürlichen Zahlen*, das sind die beim Abzählen benötigten Zahlen 1, 2, 3, 4, ... usw., werden in ihrer Gesamtheit als Menge N bezeichnet. Wir denken uns diese Zahlen in ihrer natürlichen Reihenfolge, also der Größe nach, geordnet. Jede zweite von ihnen hat dann die Eigenschaft, ein Vielfaches von 2 oder, wie man auch sagt, *gerade* zu sein. Die Menge G dieser geraden Zahlen denken wir uns ebenfalls in natürlicher Reihenfolge geordnet. Dabei können wir uns die beiden Zahlenfolgen untereinandergesetzt denken:

$$\begin{array}{l} 1,\ 2,\ 3,\ 4,\ 5,\ 6,\ 7,\ 8,\ 9,\ 10,\ 11,\ 12,\ 13,\ 14,\ \ldots\ldots \\ 2,\ 4,\ 6,\ 8,\ 10,\ 12,\ 14,\ 16,\ 18,\ 20,\ 22,\ 24,\ 26,\ 28,\ \ldots\ldots \end{array}$$

Die jeweils übereinanderstehenden Zahlen bilden Paare, deren Zusammengehörigkeitsmerkmal darin besteht, daß die untere Zahl jeweils doppelt so groß ist wie die obere. Bei dieser Paarbildung erhält offensichtlich jede Zahl der Menge N einen Partner aus der Menge G und umgekehrt. Es bleibt weder in der einen noch in der anderen Menge eine Zahl ohne Partner, so daß wir, einen Begriff der Umgangssprache benutzend, sagen können, beide Mengen enthalten „gleich viele" Zahlen. Der Mathematiker nennt die Dinge, aus denen Mengen bestehen, *Elemente* der Menge. Dies können je nach Sachlage Zahlen, Punkte, Geraden oder andere mathematische Objekte, aber auch völlig andersartige, abstrakte oder konkrete Gegenstände oder auch Lebewesen (Pflanzen, Tiere oder Personen) sein. Lassen sich aus den Elementen zweier Mengen derart Paare bilden, daß jedes Element der einen Menge genau einen Partner aus der anderen Menge erhält und umgekehrt, so heißen die Mengen *äquivalent* oder *von gleicher Mächtigkeit*. Unsere Mengen N und G sind demzufolge äquivalent. Begegnen uns im täglichen Leben äquivalente Mengen, so pflegen wir zu sagen, sie hätten „gleich viele" Elemente (z. B. die Menge der linken Schuhe und die Menge der rechten Schuhe, die jemand besitzt, oder die Menge der Damen und die Menge der Herren bei einer Gesellschaft von Ehepaaren). Das Ungewöhnliche an unseren Mengen N und G besteht darin, daß G nur einen Teil der Zahlen von N enthält, so daß wir das Empfinden haben, die Menge N müsse doch „größer" sein als G, bzw. „mehr" Elemente enthalten als diese.

Wir könnten sogar viel drastischer vorgehen und in der Folge der natürlichen Zahlen noch viel mehr weglassen als beim ersten Beispiel. Denken wir uns alle Zahlen weggestrichen bis auf die Potenzen von 10:

$$10, 100, 1000, 10000, 100000, 1000000, \ldots\ldots,$$

so können wir die verbleibenden Zahlen auch als Potenzen schreiben:

$$10^1, 10^2, 10^3, 10^4, 10^5, 10^6, \ldots.$$

Wie die Exponenten zeigen, ist die Zehnerpotenzmenge mit Hilfe der natürlichen Zahlen abzählbar, also ist diese Restmenge der ganzen Menge N äquivalent.

Damit haben wir eine Möglichkeit, den Begriff *unendlich* zu definieren. Wir setzen fest: *Eine Menge heißt unendlich, wenn sie einem echten Teil von ihr äquivalent ist. Gibt es von einer Menge keinen äquivalenten echten Teil, so heißt die Menge endlich.* Im letzten Fall können wir von einer *Anzahl* der Elemente sprechen. Bei unendlichen Mengen sind Begriffsbildungen wie *Anzahl* und *gleich viele* unzweckmäßig, weil sie der ausschließlich an endlichen Mengen orientierten Umgangssprache entnommen sind.

Unendliche Mengen, die der Menge der natürlichen Zahlen äquivalent sind, nennt man auch *abzählbar*. Weitere Beispiele für abzählbare Mengen sind die Menge aller Primzahlen und die Menge aller rationalen Zahlen. Unter Primzahlen versteht man solche natürlichen Zahlen, die außer sich selbst und 1 keinen ganzzahligen Teiler haben. Ordnet man die Primzahlen nach ihrer Größe:

$$2, 3, 5, 7, 11, 13, 17, 19, 23, 29, 31, 37, 41, \ldots,$$

und denkt man sich die Plätze numeriert, so erhält jede Primzahl genau eine natürliche Zahl als Platznummer. Es bleibt zu zeigen, daß auch zu jeder natürlichen Zahl genau eine Primzahl gehört, die Menge der Primzahlen also nicht etwa endlich ist. Gäbe es eine größte Primzahl p, so müßte das Produkt der (endlich vielen) Primzahlen $2 \cdot 3 \cdot 5 \cdot 7 \cdot 11 \cdot \ldots \cdot p$ durch sämtliche Primzahlen teilbar sein. Die Zahl

$$(2 \cdot 3 \cdot 5 \cdot 7 \cdot 11 \cdot 13 \cdot 17 \cdot \ldots \cdot p) + 1$$

wäre sicher größer als p. Bei Division dieser Zahl durch eine der Primzahlen bliebe der Rest 1. Wie man leicht überlegt, müßte eine solche Zahl ebenfalls prim sein, obwohl doch p die größte Primzahl sein sollte. Folglich muß die Menge der Primzahlen unendlich und der Menge der natürlichen Zahlen äquivalent sein. (Dieser genial einfache Beweis dafür, daß es keine „letzte" Primzahl geben kann, stammt von *Euklid.*)

Als *rational* bezeichnet man alle Zahlen, die sich in der Form eines Bruches aus zwei ganzen (positiven oder negativen) Zahlen schreiben lassen, z. B. $\frac{1}{2}$, $\frac{-17}{4}$, 0,125, 0,333 ... usw. Dabei ist es gleichgültig, ob die Zahlen bereits die gewünschte Form haben oder sie erst nach Umformung erhalten ($0{,}125 = \frac{1}{8}$, $0{,}333\ldots = \frac{1}{3}$); nur darf der Nenner niemals 0 sein.

Wir werden zeigen, daß die Menge der positiven rationalen Zahlen abzählbar ist. Dazu denken wir uns diese Zahlen wie in Figur 1 geordnet (der Zähler gibt die Zeile, der Nenner die Spalte an).

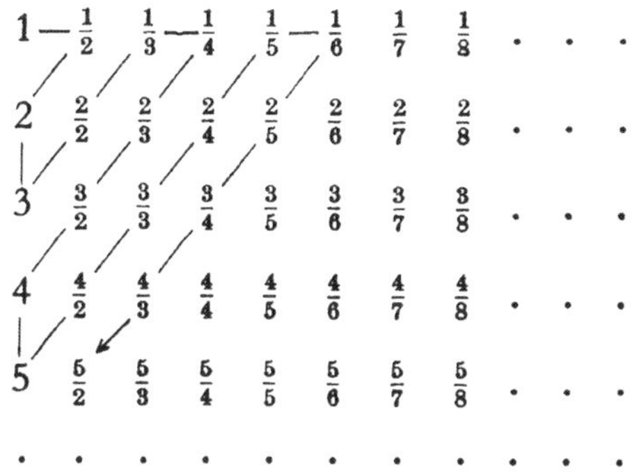

Fig. 1

Nunmehr denken wir uns die Zahlen dieser *Matrix* in der Reihenfolge durchlaufen, wie durch die Verbindungsstriche in Fig. 1 angedeutet wird. Dabei werden jedoch alle Brüche ausgelassen, die man kürzen kann. Wie die Perlen auf einer Schnur, so werden die positiven rationalen Zahlen jetzt in einer Folge geordnet und können „abgezählt" werden:

$1, \frac{1}{2}, 2, 3, \frac{1}{3}, \frac{1}{4}, \frac{2}{3}, \frac{3}{2}, 4, 5, \frac{1}{5}, \frac{1}{6}, \frac{2}{5}, \frac{3}{4}, \frac{4}{3}, \frac{5}{2}, \ldots$

Dem Leser sei überlassen, sich davon zu überzeugen, daß auch die Menge aller rationalen Zahlen, einschließlich der negativen, abzählbar ist.

Zu sehr bemerkenswerten Ergebnissen gelangen wir beim Betrachten derjenigen rationalen Zahlen, die zwar größer als 0, jedoch kleiner als 1 sind. An der Matrix (Fig. 1) können wir ersehen, daß auch diese Menge abzählbar ist. Zeichnen wir nun eine beliebige Strecke AB und schreiben an ihre Endpunkte 0 bzw. 1, so können wir jedem Element unserer Menge einen Punkt auf der Strecke AB als Partner zuordnen. In Fig. 2 sind einige solcher Punkte mit den zugehörigen rationalen Zahlen bezeichnet.

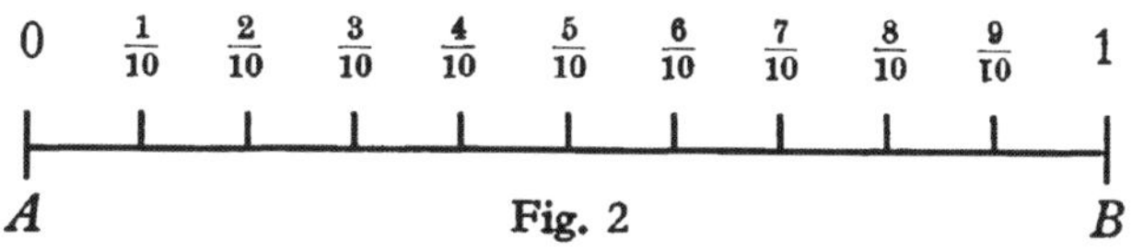

Fig. 2

Die zur Menge M der rationalen Zahlen zwischen 0 und 1 äquivalente Punktmenge M' auf der Strecke AB hat einige bemerkenswerte Eigenschaften.

(1) In der Mitte zwischen je zwei Punkten der Menge M' liegt wieder ein Punkt der Menge M'. Das arithmetische Mittel zweier rationaler Zahlen ist nämlich ebenfalls eine rationale Zahl; z. B. liegt zwischen $\frac{8}{10}$ und $\frac{4}{10}$ die Zahl $\frac{85}{100}$.

(2) Zwischen je zwei Punkten der Menge M' liegen sogar unendlich viele weitere Punkte von M'. Diese Behauptung folgt aus (1), der Beweis sei dem Leser überlassen.

(3) Es gibt keine noch so kleine Teilstrecke auf AB, die nicht unendlich viele Punkte von M' enthält. Man sagt, die Punktmenge M' liegt auf der Strecke AB *dicht*. Zum Beweis nehmen wir an, P_1 sei der Anfangspunkt, P_2 der Endpunkt der Teilstrecke. Ist nun Q_1 ein links von P_1, Q_2 ein rechts von P_2 liegender Punkt von M', so gehört auch der Mittelpunkt der Strecke P_1P_2 zu M'. Durch hinreichend weit fortgesetzte Weiterhalbierung der entstehenden Teilstrecken wird schließlich die zu untersuchende, möglicherweise sehr kleine Strecke durch einen Punkt von M' zerlegt; durch Weiterhalbieren erhält man unendlich viele weitere.

Man könnte jetzt vermuten, alle Punkte der Strecke AB gehören zu M', was bedeuten würde, daß die Menge der Punkte der Strecke AB abzählbar wäre. Diese Vermutung ist falsch.

(4) Es gibt mindestens einen Punkt auf AB, der nicht zu M' gehört. Zum Beweis betrachten wir den Punkt D der Figur 3. Nach dem pythagoreischen Lehrsatz hat die Strecke AC und damit auch AD die Länge $\sqrt{\frac{1}{2}}$ oder $\frac{1}{\sqrt{2}}$. Sollte D zu M' gehören, so müßte $\frac{1}{\sqrt{2}}$ rational sein. Folglich müßte auch der Kehrwert, also $\sqrt{2}$, rational und als völlig durchgekürzter Bruch $\frac{p}{q}$ aus zwei ganzen Zahlen

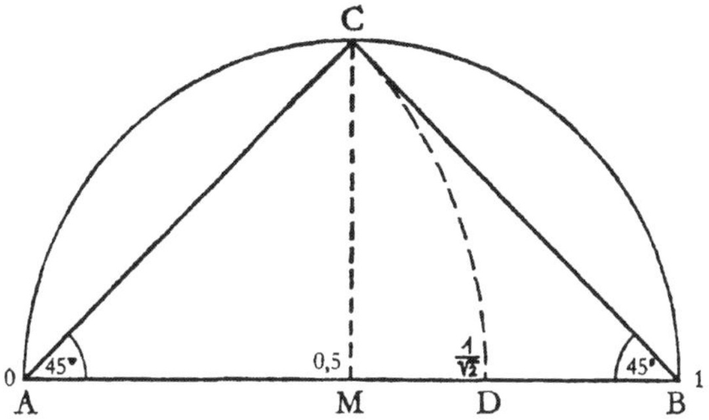

Fig. 3

p und q darstellbar sein: Es wäre $\sqrt{2} = \frac{p}{q}$, demzufolge $2 = \frac{p^2}{q^2}$ und $p^2 = 2\,q^2$; p^2 wäre eine gerade Zahl und als Quadratzahl sogar durch 4 teilbar. Setzen wir $p^2 = 4\,p'$, so ergibt sich

$$4\,p' = 2\,q^2 \text{ oder } q^2 = 2\,p'.$$

q^2 wäre ebenfalls eine gerade Quadratzahl, was jedoch nicht möglich ist, da $\frac{p}{q}$ ein durchgekürzter Bruch sein sollte. $\sqrt{2}$ kann folglich nicht die Form $\frac{p}{q}$ haben, $\frac{1}{\sqrt{2}}$ ist daher nicht rational und *D* gehört nicht zu *M'*.

(5) Die Strecke *AB* enthält eine zu *M'* äquivalente Menge von Punkten, von denen keiner zu *M'* gehört. Wir denken uns alle Zahlen $\frac{p}{q}$ von *M* mit $\frac{1}{\sqrt{2}}$ multipliziert. Die dann entstehenden Zahlen $\frac{p}{q\sqrt{2}}$ sind sämtlich n i c h t rational. Wäre nämlich $\frac{p}{q\sqrt{2}} = \frac{r}{s}$, (r, s ganzzahlig, $s \neq 0$), so wäre $\sqrt{2} = \frac{p \cdot s}{q \cdot r}$ und $\sqrt{2}$ rational, was wir zuvor widerlegt hatten. Die Menge *M''* dieser *irrationalen* Produkte ist offensichtlich äquivalent zu *M* und damit auch zu *M'*. Die Werte dieser Produkte liegen alle zwischen 0 und 1, wir können sie daher als Längen von Strecken auffassen, die auf *AB* liegen und in *A* beginnen. Die Endpunkte bilden dann die gesuchte, zu *M'* äquivalente Punktmenge auf *AB*.

Obwohl die Menge *M'* auf der Strecke *AB* keine Teilstrecken freiläßt, bleiben also unendlich viele „Lücken". Diese

Lücken können keinerlei Längenausdehnung haben. Das Überraschende ist nun, daß die Menge der Lücken viel mächtiger ist als die Menge M' selbst. Der Leser wird sich fragen: Kann es denn überhaupt noch mehr als unendlich viele Elemente in einer Menge geben? Die Antwort ist verblüffend und hat zur Zeit ihrer Entdeckung nicht nur die Laien, sondern auch die Mathematiker und den Entdecker selbst verblüfft: Es gibt Abstufungen des Unendlichen, gewissermaßen verschiedene Arten des Unendlichen. Diese Entdeckung ist das Verdienst des genialen Mathematikers *Georg Cantor* (1845—1918), der mit der Begründung der *Mengenlehre* ein völlig neues Gebiet und darüber hinaus eine völlig neue Betrachtungsweise der Mathematik erschloß, eine Betrachtungsweise, die in neuerer Zeit bis in die Schulmathematik hinein wirksam wird.

(6) Die Menge aller Punkte zwischen A und B ist *mächtiger* als die Menge M', d. h. sie ist nicht mehr äquivalent zu M' und damit *nicht abzählbar*. Das bedeutet, die Menge aller Punkte der Strecke AB ist von einer höheren Ordnung unendlich als die Menge der natürlichen Zahlen. Man bezeichnet diese höhere Art des Unendlichen als die *Mächtigkeit des Kontinuums*.

Es läßt sich beweisen, daß auch die Menge aller Punkte einer Geraden diese Kontinuumsmächtigkeit besitzt. Das gleiche gilt für die Menge aller Punkte einer Ebene und sogar des ganzen Raumes. Diese Punktmengen sind demzufolge alle äquivalent der Menge der Punkte unserer Strecke AB. Andererseits hat Cantor bewiesen, daß es noch höhere Mächtigkeiten als die des Kontinuums, also noch weitere Arten des Unendlichen gibt. Der hieran interessierte Leser sei auf die Fachliteratur zur Mengenlehre verwiesen (z. B. *E. Kamke*, Mengenlehre, Sammlung Göschen Bd. 999, Walter de Gruyter & Co., Berlin, 3. Aufl. 1955; *P. S. Alexandroff*, Einführung in die Mengenlehre und die Theorie der reellen Funktionen, Deutscher Verlag der Wissenschaften, Berlin 1956). Wir wollen dieses Kapitel mit dem Beweis von (6) abschließen.

Zu jedem Punkt zwischen A und B gehört eine ganz bestimmte (nicht notwendig rationale) Zahl, welche die Länge der von A aus gemessenen Strecke angibt. Wir zeigen, daß die Menge dieser Zahlen nicht abzählbar ist. Jede dieser Zahlen ist eindeutig als unendliche Dezimalzahl $0{,}a_1a_2a_3a_4\ldots$ darstellbar. Die a_ν sind dabei irgendwelche Ziffern 0 bis 9. Die endlichen Dezimalbrüche denken wir uns als unendliche mit der Periode 9 geschrieben, z. B. $0{,}5 = 0{,}499\ldots$

Wäre die zu untersuchende Zahlenmenge abzählbar, so müßte sich eine in beiden Richtungen eindeutige Zuordnung zu den natürlichen Zahlen als Partnern herstellen lassen.

$$\begin{array}{l}
1 \leftrightarrow 0{,}a_{11}a_{12}a_{13}a_{14}a_{15}\ldots\ldots \\
2 \leftrightarrow 0{,}a_{21}a_{22}a_{23}a_{24}a_{25}\ldots\ldots \\
3 \leftrightarrow 0{,}a_{31}a_{32}a_{33}a_{34}a_{35}\ldots\ldots \\
4 \leftrightarrow 0{,}a_{41}a_{42}a_{43}a_{44}a_{45}\ldots\ldots \\
5 \leftrightarrow 0{,}a_{51}a_{52}a_{53}a_{54}a_{55}\ldots\ldots \\
\ldots\ldots\ldots\ldots\ldots\ldots\ldots
\end{array}$$

Fig. 4.

Jetzt konstruieren wir eine neue Dezimalzahl $0{,}b_1b_2b_3b_4b_5\ldots$, indem wir für b_ν irgendeine Ziffer setzen, jedoch nicht 0, nicht 9 und nicht $a_{\nu\nu}$. Das Fehlen der 0 und der 9 garantiert, daß wir nicht die zu den Zahlen 0 und 1 gehörenden Dezimalbrüche $0{,}000\ldots$ und $0{,}999\ldots$ und auch keinen endlichen Dezimalbruch konstruiert haben. Unsere Dezimalzahl gibt dann gewiß eine Zahl x zwischen 0 und 1 an, kann aber wegen der Bedingung $b_\nu \neq a_{\nu\nu}$ nicht unter den angeordneten Zahlen sein. Damit ist bewiesen, daß sich nicht alle Zahlen zwischen 0 und 1 und folglich nicht alle Punkte zwischen A und B „abzählen" lassen.

FSC
www.fsc.org
MIX
Papier | Fördert gute Waldnutzung
FSC® C083411

Kolibri 360 GmbH
Ferdinand-Jühlke-Straße 7
99095 Erfurt, Deutschland
produktsicherheit@kolibri360.de